电网企业员工安全等级培训系列教材

电力检测

国网浙江省电力有限公司培训中心　组编

中国电力出版社
CHINA ELECTRIC POWER PRESS

内 容 提 要

本书是"电网企业员工安全等级培训系列教材"中的《电力检测》分册,全书共七章,包括基本安全要求、保证安全的组织措施和技术措施、检测安全风险管控、隐患排查治理、检测现场的安全设施、典型违章举例与事故案例分析、班组安全管理等内容。附录中给出了现场标准化作业指导书(卡)范例和现场作业处置方案范例。

本书是电网企业员工安全等级培训电力检测专业的专用教材,可作为电力检测岗位人员安全培训的辅助教材,宜采用《公共安全知识》分册加本专业分册配套使用的形式开展学习培训。

本书可供从事电力检测工作的专业技术人员和新员工安全等级培训使用。

图书在版编目(CIP)数据

电力检测 / 国网浙江省电力有限公司培训中心组编.
北京 : 中国电力出版社, 2025. 7. -- (电网企业员工安全等级培训系列教材). -- ISBN 978-7-5239-0194-6

Ⅰ. TM407

中国国家版本馆 CIP 数据核字第 20254D52K1 号

出版发行:中国电力出版社
地   址:北京市东城区北京站西街 19 号(邮政编码 100005)
网   址:http://www.cepp.sgcc.com.cn
责任编辑:张冉昕(010-63412364)
责任校对:黄 蓓 朱丽芳
装帧设计:赵姗姗
责任印制:石 雷

印   刷:廊坊市文峰档案印务有限公司
版   次:2025 年 7 月第一版
印   次:2025 年 7 月北京第一次印刷
开   本:710 毫米×1000 毫米 16 开本
印   张:7
字   数:113 千字
定   价:45.00 元

编写委员会

本册编写人员

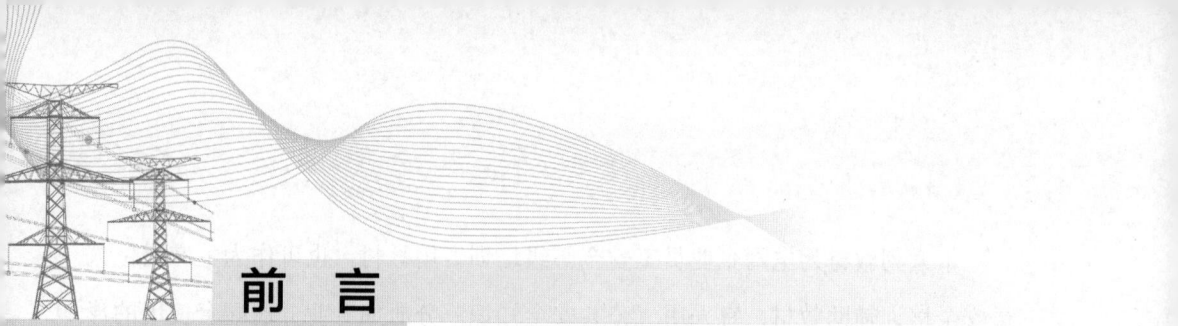

前　言

为贯彻落实国家安全生产法律法规（特别是新《安全生产法》）和国家电网有限公司关于安全生产的有关规定，适应安全教育培训工作的新形势和新要求，进一步提高电网企业生产岗位人员的安全技术水平，推进生产岗位人员安全等级培训和认证工作，国网浙江省电力有限公司在 2016 年出版的"电网企业员工安全技术等级培训系列教材"的基础上组织修编，形成"电网企业员工安全等级培训系列教材"。

2025 年，为深入贯彻落实"安全第一、预防为主、综合治理"方针，实现新业务新业态安全的"可控、能控、在控"，提高对新业务安全风险的识别和预警防范能力，夯实企业安全生产管理基础，达到控制安全隐患、降低安全风险，预防、避免事故发生的目的。国网浙江省电力有限公司特组织增编有关新业务的专业分册。

"电网企业员工安全等级培训系列教材"现包括《公共安全知识》分册和《变电检修》《电气试验》《变电运维》《输电线路》《输电线路带电作业》《继电保护》《电网调控》《自动化》《电力通信》《配电运检》《电力电缆》《配电带电作业》《电力营销》《变电一次安装》《变电二次安装》《线路架设》《电力检测》《新能源业务》《信息运维检修》等专业分册。《公共安全知识》分册内容包括安全生产法律法规知识、安全生产管理知识、现场作业安全、作业工器（机）具知识、通用安全知识五个部分；各专业分册包括相应专业的基本安全要求、保证安全的组织措施和技术措施、作业项目安全风险管控、隐患排查治理、生产现场的安全设施、典型违章举例与事故案例分析、班组安全管理七个部分。

本系列教材为电网企业员工安全等级培训专用教材，也可作为生产岗位人员安全培训辅助教材，宜采用《公共安全知识》分册加专业分册配套使用的形式开展学习培训。

鉴于编者水平所限，不足之处在所难免，敬请读者批评指正。

编　者

2025 年 6 月

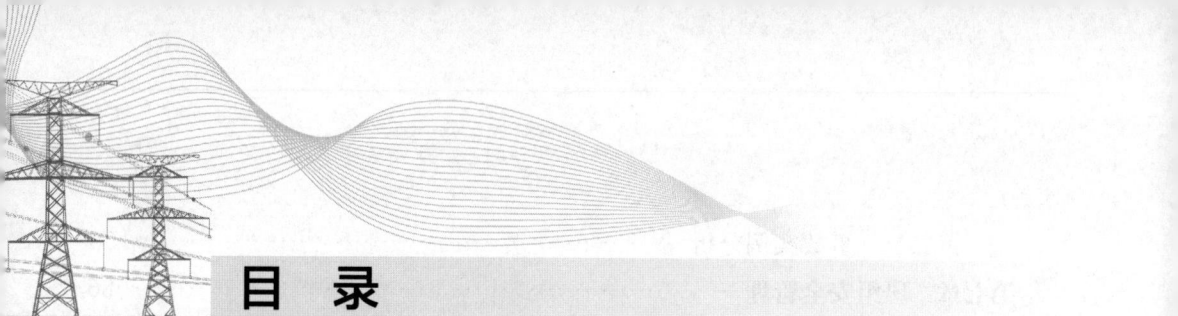

目　录

第一章

基 本 安 全 要 求

第一节 一般安全要求

一、作业现场的基本条件

（1）作业现场的生产条件和安全设施等应符合有关标准、规范的要求，工作人员的劳动防护用品应合格、齐备。

（2）经常有人工作的场所及施工车辆上宜配备急救箱，存放急救用品，并应指定专人经常检查、补充或更换。

（3）现场使用的安全工器具应合格并符合有关要求。

（4）各类作业人员应被告知其作业现场和工作岗位存在的危险因素、防范措施及事故紧急处理措施。

二、作业人员的基本条件

（1）经医师鉴定，无妨碍工作的病症（体格检查每两年至少一次）。

（2）具备必要的电气知识和业务技能，且按工作性质，熟悉 Q/GDW 1799.2—2013《国家电网公司电力安全工作规程（线路部分）》（简称《线路安规》）、Q/GDW 10799.8—2023《国家电网有限公司电力安全工作规程　第 8 部分：配电部分》（简称《配电安规》）的相关部分（统称《安规》），并经考试合格。

（3）具备必要的安全生产知识，学会紧急救护法，特别是要学会触电急救。

（4）进入作业现场应正确佩戴安全帽，现场作业人员应穿全棉长袖工作服、绝缘鞋。

（5）试验人员应经过专业培训，电气试验人员应取得电气试验操作证或高压电工操作证。

三、试验室（场）安全基本条件

（1）试验室（场）必须有良好的接地系统，以保证高压试验测量准确度和人身、设备的安全。接地电阻不超过规程要求。试验设备的接地点与被试设备的接地点之间应相对独立，避免共用同一个接地网。试验室（场）内所有的金属架构、固定的金属安全屏蔽遮（栅）栏均必须与接地网有牢固的连接。接地点应有明显可见的标志。为了保证接地系统始终处于完好状态，每5年应测量一次接地电阻，测量接地点的通断状态，对接地线和接地点的连接进行一次检查。

（2）试验室应保持光线充足，一般照度应不低于250lx，门窗严密，通风设施完备。通往试验区的门与试验电源应有联锁装置，当通往试验区的门打开时，应发出报警信号，并使试验电源跳闸。户外试验场宜有电源开关紧急按钮，以便在发生危急情况时可迅速切断电源。

（3）试验室（场）应配备足够的电源容量，并确保试验用的电源特性，如电压额定值、频率、电压稳定度、谐波畸变等，符合检测标准要求。检测工作电源应由独立电路供应，并应与空调电源、照明电源分开。

（4）试验室（场）内地面平整，留有符合要求、标志清晰的通道。室内布置整洁，不许随意堆放杂物。试验室周围应有消防通道，并保证畅通无阻。试验室面积应满足检测工作的需要，应为工作设备和所有必要的辅助设备及仪器保留存储空间，应给检测人员和管理人员留出足够的操作空间。

（5）高压试验室应按规定设置安全遮栏、标示牌、安全信号灯及警铃，控制室应铺橡胶绝缘垫。

（6）根据电气试验的性质和需要，配备相应的安全工器具，防毒、防射线、防烫伤、防撞击的防护用品，防爆和消防安全设施，以及应急照明电源。试验室内禁止吸烟，严禁烟火。

（7）试验设备应保持良好状态，发现缺陷及时处理，并应做好缺陷及处理记录。不允许试验设备带缺陷强行投入试验。

（8）机械试验室（场）需配置防护设施（防护罩、防护网、隔离带），用来防止物体碎裂飞溅。

四、电气试验工作要求

（1）高压设备高压侧和被试样品与周围的安全距离须符合表 1-1 规定的设备不停电时的安全距离。

表 1-1　　　　　　　　设备不停电时的安全距离

电压等级（kV）	安全距离（m）	电压等级（kV）	安全距离（m）
10 及以下（13.8）	0.70	1000	8.70
20、35	1.00		
66、110	1.50	±50 及以下	1.50
220	3.00	±400	5.90
330	4.00	±500	6.00
500	5.00	±660	8.40
750	7.20	±800	9.30

（2）高压试验工作不得少于两人，试验前应完成保证安全的组织措施和技术措施。试验负责人应由有经验的人员担任，开始试验前，试验负责人应向全体试验人员详细布置试验中的安全注意事项，交代邻近间隔的带电部位，以及其他安全注意事项。

（3）因试验需要断开设备接头时，断开前应做好标记，接后应进行检查。

（4）试验装置的金属外壳应可靠接地，使用中不得将接地装置拆除或对其进行任何操作；高压引线应尽量缩短，并采用专用的高压试验线，必要时用绝缘物支撑牢固。

（5）试验装置的电源开关应使用明显断开的双极隔离开关。为了防止误合隔离开关，可在闸刀刀刃或刀座上加绝缘罩。

（6）试验装置的低压回路中应有两个串联电源开关，并加装过负荷自动跳闸装置。

（7）试验现场应装设遮栏或围栏，遮栏或围栏与试验设备高压部分应有足够的安全距离，向外悬挂"止步，高压危险！"的标示牌，并有红灯示警。被试设备两端不在同一地点时，另一端还应派人看守。

（8）加压前应认真检查试验接线，使用规范的短路线，表计倍率、量程、调压器零位及仪表的开始状态均正确无误，经确认后，通知所有人员离开被试设备，并取得试验负责人许可，方可加压。加压过程中应有人监护并呼唱。高压试验工作人员在全部加压过程中应精力集中，随时警戒异常现象发生，操作人应站在绝缘垫上。

（9）无论设备是否带电，工作人员在变更接线时，必须在设备上挂上接地线；若设备已进行过耐压试验，则变更接线时，必须对设备充分放电。变更接线或试验结束时，应首先断开试验电源、放电，并将升压设备的高压部分放电、短路接地。放电时试验人员应站在绝缘垫上并戴绝缘手套。

（10）未装接地线的大电容被试设备，应先行放电再做试验。高压直流试验时，每告一段落或试验结束时，应将设备对地放电数次并短路接地。

（11）试验结束时，试验人员应拆除自装的接地短路线，并对被试设备进行检查，恢复试验前的状态，经经试验负责人复查后，进行现场清理。

（12）变电站、发电厂升压站发现有系统接地故障时，禁止进行接地网接地电阻的测量。

（13）特殊的重要电气试验，应有详细的试验方案，并经单位批准。

（14）绝缘安全工器具，如绝缘操作杆、接地线等必须经过定期试验合格，使用前必须检查安全工器具，保证其结构完整、性能良好，且在试验有效期内。使用的手持电动工器具和电气机具应定期检验合格，使用前应对其进行检查，并按工器具类型在使用中佩戴绝缘手套、配备剩余动作电流保护器或隔离电源。

（15）高压试验时，设定好试验现场的安全距离，仔细检查被试品及试验变压器的接地情况，并有专人监护现场安全及观察被试品的试验状态。

（16）试验过程中，升压速度不能太快，也决不允许突然全电压通电或断电。

（17）在升压或耐压试验过程中，如发现下列不正常情况，应立即降压，并切断电源，停止试验，高压端须经放电接地并查明原因后再做试验：

1）电压表指针摆动很大；

2）隔离开关绝缘烧焦有异味或发现冒烟现象；

3）被测试品内有不正常的声音。

（18）进行电容试验或直流高压泄漏试验时，试验完毕，应将调压器降至零位后切断电源，然后应用放电棒将试品或电容器的高压端对地进行充分放电并短路接地，以免电荷存留在电容中而发生触电。

五、机械试验工作要求

（1）机械试验设备应可靠接地，振动等机械试验应安排在一层或地下室进行。

（2）机械试验工作人员不得少于两人，并完成保证安全的组织措施和技术措施。试验负责人应由有经验的人员担任，开始试验前，试验负责人应向全体试验人员详细布置试验中的安全注意事项，以及其他安全注意事项。

（3）机械试验应使用专业合格的辅助工具（夹具、导线等）。

（4）每次工作前，要严格检查试验设备。开机前，检查电源是否完好，油压表是否回零。

（5）在样品试验过程中，需时刻注意样品状态，如有变形、断裂等现象应及时停止试验。

（6）现场安装样品时需轻拿轻放，防止样品受损或砸伤人员。

（7）对一些经试验可能破碎的样品，在检测前应在样品外部包裹麻布，避免物品破碎导致飞溅伤害。

（8）操作人员的着装不应有可能被转动机械绞住的部分，必须穿好工作服，正确佩戴安全帽，衣服、袖口应扣好、扎紧，不得戴围巾、领带，长发必须盘在帽内。使用机床时，必须戴防护眼镜，不得戴手套。不得在转运设备的旋转和移动部分旁边换衣服。

（9）机械试验时，必须由两人及以上人员参加，并明确做好责任分工，设定好试验现场的安全距离，仔细检查好被试品安装情况，并站在黄色安全线外，需有专人监护现场安全及观察被试品的试验状态。

（10）应按标准要求缓慢加载，防止安装不当或突然受力造成物体飞溅。

（11）应根据现场检测需要，选择合适的辅助工具，如卸扣、吊装带、钢丝绳套、拉板等。

（12）设备运行前，应关闭设备网门或围好防护网。

第二节　常用安全工器具使用要求

一、高压放电棒使用安全要求

（1）放电棒应定期进行预防性试验。

（2）使用高压放电棒进行放电操作时，应站在绝缘垫上，戴上绝缘手套，手握的位置不得超过手柄护环。

（3）对大电容试品放电时，须在试验完毕、断开试验电源且等待一段时间后，使试品上的电荷通过倍压筒及试品本身对地自放电。此时可观察控制箱上的电压表电压逐步下降跌落，当电压表电压下降到较低的电压（一般为 5～15kV）时，方可将放电棒逐步移向试品附近。先通过间隙空气游离放电，此时可听到"嘶嘶"的声音，当无声音后，用放电棒尖端去碰试品，最后将试品直接接地放电。

（4）大电容试品积累电荷的大小与试品电容的大小、施加电压的高低和时间的长短成正比。

（5）对几千米以上的高压电缆试验结束后，放电时间一般要很长，且需多次反复放电。电阻容量要很大，需使用大容量的放电棒。

（6）严禁未拉开试验电源即用放电棒对试品进行放电。

（7）放电棒应放在干燥的地方保存，防止受潮影响绝缘强度，使用前应进行必要的检查。

（8）严禁用脚踩或用重物挤压放电棒，使用过程中应妥善保护放电棒。

二、绝缘垫使用安全要求

（1）绝缘垫应定期进行预防性试验。

（2）绝缘垫应根据使用电压等条件进行选择。

（3）操作时，绝缘垫应避免不必要地暴露在高温、阳光下，也要尽量避免与机油、油脂、变压器油、工业乙醇及强酸接触，还应避免尖锐物体刺、划。

三、绝缘手套使用安全要求

（1）绝缘手套应定期进行预防性试验。

（2）绝缘手套应根据使用电压的高低及不同防护条件进行选择。

（3）作业时，应将上衣袖口套入绝缘手套筒口内。

（4）使用前，用卷曲法或充气法检查绝缘手套有无漏气现象。

四、绝缘鞋使用安全要求

（1）绝缘鞋应定期进行预防性试验。

（2）绝缘鞋在使用前应对鞋底进行检查，检查是否有尖锐物体刺穿或割伤现象。

五、安全帽使用安全要求

（1）任何人员进入生产、施工现场必须正确佩戴安全帽。

（2）安全帽戴好后，应将帽箍扣调整到合适的位置，锁紧下颏带，防止工作中前倾后仰或其他原因造成滑落。

（3）受过一次强冲击或做过试验的安全帽不能继续使用，应予以报废。

六、梯具使用安全要求

（1）梯具应定期进行预防性试验。

（2）梯具应能承受作业人员及所携带的工具、材料攀登时的总重量。

（3）梯具不能垫高使用。

（4）梯具应放置稳固，梯脚要有防滑装置。使用前，应先进行试登，确认可靠后方可使用。有人员在梯具上工作时，梯子应有人扶持和监护。

（5）严禁人在梯具上时移动梯具，严禁上下抛递工具、材料。

第三节　常用施工机具安全使用要求

一、卸扣使用安全要求

（1）卸扣应定期进行预防性试验。

（2）卸扣应根据使用拉力的大小、不同口径条件进行选择。

（3）使用前，应对卸扣进行检查，检查卸扣表面是否光洁，无裂纹、变形和锈蚀等缺陷。

二、吊装带使用安全要求

（1）吊装带应定期进行预防性试验。

（2）吊装带应根据使用拉力的大小、不同连接条件进行选择。

（3）使用前，应对吊装带进行检查，检查吊装带表面是否有擦破或割断等缺陷，护套是否有破损。

三、手扳葫芦使用安全要求

（1）手扳葫芦应定期进行预防性试验。

（2）手扳葫芦应根据使用拉力的大小、不同连接条件进行选择。

（3）使用前，应对手扳葫芦进行检查，检查各部件不能有影响使用，以及伤痕、毛刺、裂纹、变形和腐蚀等缺陷；活动部件应灵活、润滑良好；各链节应完整，无严重锈蚀、裂纹和变形等缺陷。

四、钢丝绳套使用安全要求

（1）钢丝绳套应定期进行预防性试验。

（2）钢丝绳套应根据使用拉力的大小、不同连接条件进行选择。

（3）使用前，应对钢丝绳套进行检查，钢丝绳套应绳芯无损坏，绳股无挤出、断裂，钢丝绳无笼状畸形、严重扭结或金钩弯折的现象。

第四节　现场标准化作业指导书（卡）的编制与应用

编制和执行现场标准化作业指导书（卡）是实现现场标准化作业的具体形式和方法。现场标准化作业指导书应突出安全和质量两条主线，对现场作业活动的全过程进行细化、量化、标准化，保证作业过程安全和质量处于"可控、能控、在控"状态，达到事前管理、过程控制的要求和预控目标。作业指导书（卡）是对作业计划、准备、实施、总结等各个环节，明确具体操作的方法、步骤、措施、标准和人员责任，依据工作流程组合成的执行文件。

一、现场标准化作业指导书（卡）的编制原则和依据

1. 现场标准化作业指导书（卡）的编制原则

按照电力安全生产有关法律法规、技术标准、规程规定的要求和国家电网有限公司有关规范规定，现场标准化作业指导书（卡）的编制应遵循以下原则：

（1）坚持"安全第一、预防为主、综合治理"的方针，体现凡事有人负责、凡事有章可循、凡事有据可查、凡事有人监督。

（2）符合安全生产法规、规定、标准、规程的要求，具有实用性和可操作性；概念清楚、表达准确、文字简练、格式统一，且含义具有唯一性。

（3）现场标准化作业指导书（卡）的编制应依据生产计划和现场作业对象的实际，进行危险点分析，制定相应的防范措施，体现对现场作业的全过程控制，体现对设备及人员行为的全过程管理。

（4）现场标准化作业指导书（卡）应在作业前编制，注重策划和设计，量化、细化、标准化每项作业内容。集中体现工作（作业）要求具体化、工作人员明确化、工作责任直接化、工作过程程序化，做到作业有程序、安全有措施、质量有标准、考核有依据，并起到优化作业方案、提高工作效率、降低生产成本的作用。

（5）现场标准化作业指导书（卡）应以人为本，贯彻安全生产健康环境质量管理体系（SHEQ）的要求，应规定保证本项作业安全和质量的技术措施、组织措施、工序及验收内容。

（6）现场标准化作业指导书（卡）应结合现场实际由专业技术人员编写，由相应的主管部门审批、审核、批准和执行，应签字齐全。

2. 现场标准化作业指导书的编制依据

（1）安全生产法律、法规、规程、标准及设备说明书。

（2）缺陷管理、反措要求、技术监督等企业管理规定和文件。

二、现场标准化作业指导书（卡）的结构内容及格式

1. 现场标准化作业指导书（卡）的结构

现场标准化作业指导书宜由封面、范围、引用文件、检测前准备、流程图、作业程序及工艺标准、附录等7项内容组成。

2. 现场标准化作业指导书（卡）的内容及格式

（1）封面。由作业名称、编号、编写人、审核人、批准人、编制单位、发布及实施时间、受控标识等8项内容组成。

1）作业名称：包含需要被检测的样品名称，如"绝缘手套检测作业指导书"。

2）编号：应具有唯一性和可追溯性，便于查找。

3）编写人：负责作业指导书的编写，在指导书编写人一栏内签名。

4）审核人：负责作业指导书的审核，对编写内容的适用性、正确性负责，在指导书审核人一栏内签名。

5）批准人：作业指导书执行的许可人，在指导书批准人一栏内签名。

6）编制单位：作业指导书的具体编制单位。

7）发布及实施时间。

8）受控标识。

（2）范围。对作业指导书的应用范围做出具体的规定，如"作业指导书针对××工器具检测工作"。

（3）引用文件。明确编写作业指导书所引用的法规、规程、标准、设备说明书、企业管理规定和文件。

（4）检测前准备。由准备工作安排、作业人员要求、备品备件、工器具、材料、接线图、危险点分析、安全措施、人员分工9部分组成。

1）作业人员要求：包括工作人员的精神状态良好、工作人员资格具备（包括作业技能、安全资质和特殊工种资质）。

2）危险点分析：包括作业场地的特点，如带电、交叉作业、高空等可能给作业人员带来的危险；工作环境的情况，如高温、高压、易燃、易爆、有害气体、缺氧等可能给工作人员安全健康造成的危害；工作中使用的机械、设备、工具等可能给工作人员带来的危害或设备异常；操作程序、工艺流程颠倒，操作方法失误等可能给工作人员带来的危害或设备异常；作业人员的身体状况不适、思想波动、不安全行为、技术水平能力不足等可能带来的危害或设备异常；其他可能给作业人员带来危害或造成设备异常的不安全因素等。

3）安全措施。包括各类工器具的使用措施，如梯子、吊车、电动工具等；特殊工作措施，如高处作业、电气焊、油气处理、汽油、机械设备的使用管理等；专业交叉作业措施，如高压试验、保护传动等；储压、旋转元件检修措施，如储压器、储能电机等；对危险点、相邻带电部位所采取的措施；工作票中所规定的安全措施；着装规定等。

（5）流程图。按照检测程序的要求，以最佳的检测顺序，对现场作业全过程的检测项目完成时间进行量化，明确完成时间和责任人，而形成的检测流程，如"绝缘手套检测流程图"。

（6）作业程序及工艺标准。针对不同的被检测工器具，明确其检测方法、判定依据以及检测后处理的方式。

（7）附录。包括设备主要技术参数，必要时附设备简图，说明作业现场情况。

三、现场标准化作业指导书（现场执行卡）的编制

按照"简化、优化、实用化"的要求，根据不同的作业类型，采用风险控制卡、工序质量控制卡进行现场标准化作业，重大检修项目应编制施工方案。风险控制卡、工序质量控制卡统称现场执行卡。

现场执行卡的编写和使用应遵守以下原则：

（1）符合安全生产法规、规定、标准、规程的要求，具有实用性和可操作性。内容应简单、易懂、无歧义。

（2）应针对现场和作业对象的实际，进行危险点分析，制定相应的防范措施，体现对现场作业的全过程控制，对设备及人员行为实现全过程管理，不能简单照搬照抄范本。

（3）现场执行卡的使用应体现差异化，根据作业负责人技能等级区别使用不同级别的现场执行卡。

（4）应重点突出现场安全管理，强化作业中工艺流程的关键步骤。

（5）原则上，凡需使用工作票的场所，应同时对应每份工作票编写和使用一份现场执行卡。对于部分作业指导书包含的复杂作业，也可根据现场实际需要对应一份或多份现场执行卡。

（6）涉及多专业的作业，各有关专业要分别编制和使用各自专业的现场执行卡，现场执行卡在作业程序上应能实现相互之间的有机结合。

现场执行卡的内容补充、审核和批准应按规定执行。

四、现场标准化作业指导书（现场执行卡）的应用

对列入生产计划的各类现场作业均必须使用经过批准的现场标准化作业指导书（现场执行卡）。各单位在遵循现场标准化作业基本原则的基础上，根据实际情况对现场标准化作业指导书（现场执行卡）的使用做出明确规定，并采用必要的方便现场作业的措施。

（1）现场标准化作业指导书（现场执行卡）在使用前必须进行专题学习和培训，保证作业人员熟练掌握作业程序和各项安全、质量要求。

（2）在现场作业实施过程中，工作负责人对现场标准化作业指导书（现场执行卡）按作业程序的正确执行负全面责任。

（3）依据现场标准化作业指导书（现场执行卡）进行工作过程中，如发现

与现场实际、相关图纸及有关规定不符等情况，应由工作负责人根据现场实际情况及时修改现场标准化作业指导书（现场执行卡），并经现场标准化作业指导书（现场执行卡）审批人同意后，方可继续按现场标准化作业指导书（现场执行卡）进行作业。作业结束后，现场标准化作业指导书（现场执行卡）审批人应履行补签字手续。

（4）依据现场标准化作业指导书（现场执行卡）进行工作过程中，如发现设备存在事先未发现的缺陷和异常，应立即停止工作并汇报工作负责人，进行详细分析，制定处理意见，并经现场标准化作业指导书（现场执行卡）审批人同意后，方可进行下一项工作。设备缺陷或异常情况及处理结果，应详细记录在现场标准化作业指导书（现场执行卡）中。作业结束后，现场标准化作业指导书（现场执行卡）审批人应履行补签字手续。

（5）作业完成后，工作负责人应对现场标准化作业指导书（现场执行卡）的应用情况做出评估，明确修改意见并及时反馈给现场标准化作业指导书（现场执行卡）编制人。

（6）事故抢修、紧急缺陷处理等突发临时性工作，应尽量使用现场标准化作业指导书（现场执行卡）。在条件不允许的情况下，可不使用现场标准化作业指导书（现场执行卡），但要按照标准化作业的要求，在工作开始前进行危险点分析并采取相应安全措施。

（7）对大型、复杂、不常进行、危险性较大的作业，应编制风险控制卡、工序质量控制卡和施工方案，同时使用现场标准化作业指导书。

对危险性相对较小的作业、规模一般的作业、单一设备的简单和常规作业、作业人员较熟悉的作业，宜在对现场标准化作业指导书进行充分熟悉的基础上，编制和使用现场执行卡。

五、现场标准化作业指导书（现场执行卡）的管理

应按分层管理原则明确现场标准化作业指导书（现场执行卡）的归口管理部门。公司各单位应明确现场标准化作业指导书（现场执行卡）管理的负责人、专责人，由其负责现场标准化作业的严格执行。

（1）现场标准化作业指导书（现场执行卡）一经批准，不得随意更改。如因现场作业环境发生变化、指导书与实际不符等情况需要更改时，必须立即修订并履行相应的批准手续后才能继续执行。

（2）执行过的现场标准化作业指导书（现场执行卡）应经评估、签字、主管部门审核后存档。

（3）现场标准化作业指导书（现场执行卡）实施动态管理，应及时进行检查总结、补充完善。作业人员应及时填写使用评估报告，对现场标准化作业指导书的针对性、可操作性进行评价，提出改进意见，并结合实际进行修改。工作负责人和归口管理部门应对现场标准化作业指导书（现场执行卡）的执行情况进行监督检查，并定期对作业指导书（现场执行卡）及其执行情况进行评估，将评估结果及时反馈给编写人员，以指导日后的编写。

（4）积极探索，采用现代化的管理手段，开发现场标准化作业管理软件，逐步实现现场标准化作业信息网络化。

第二章

保证安全的组织措施和技术措施

第一节　保证安全的组织措施

一、安全组织措施的目标

（1）贯彻落实"安全第一、预防为主、综合治理"的方针，按照"三级控制"制定本班组年度安全生产目标及保证措施，部署落实安全生产工作，并予以贯彻实施。

（2）执行各项安全工作规程，开展作业现场危险点预控工作，执行高压试验和机械试验规程及工艺要求，确保生产现场的安全，保证生产活动中人员与设备的安全。

（3）做好班组管理，做到工作有标准，岗位责任制完善并落实，设备台账齐全、记录完整。制订本班组年度安全培训计划，做好新入职人员、变换岗位人员的安全教育培训和考试。

（4）开展定期安全检查、隐患排查、"安全生产月"和专项安全检查等活动。积极参加上级各类安全分析会议、安全大检查活动。

（5）组织开展每周一次的安全日活动，结合工作实际开展经常性、多样性、行之有效的安全教育活动。

（6）开展班组现场安全稽查和自查自纠工作，制止人员的违章行为。

（7）定期组织开展安全工器具及劳动保护用品检查，对发现的问题及时处理和上报，确保作业人员工器具及防护用品符合国家、行业或地方标准要求。

（8）做好试验室质量体系文件的编制、修订、审批、发布工作。

（9）对各单位送检的工器具，严格按相关国家标准进行检查、试验，出具检查报告，建立台账。

（10）执行电力安全事故（事件）报告制度，及时汇报安全事故（事件），保证汇报内容准确、完整，做好事故现场保护，配合开展事故调查工作。

（11）开展技术革新、合理化建议等活动，参加安全劳动竞赛和技术比武，促进安全生产。

（12）组织检查仪器设备使用、保养和维修情况，定期开展期间核查，按检定、校准周期，对计量设备进行送检，并对计量后的结果进行确认。

二、检测前的组织措施

接受试验工作任务后，全面理解并掌握工作内容，核对现场设备及接线，检查检测所用到的工器具外观是否完好，是否在检测有效期内，分析不安全因素，制定针对性安全风险控制措施，编制专项试验方案或作业指导书，并按规定程序履行审核、批准手续。

特殊的重要电气试验，应有详细的安全措施，并经单位分管生产的领导（总工程师）批准。

开工前，工作负责人组织召开班前会，交代工作任务、作业危险点和预防紧急措施，工作班全体人员清楚无疑义后逐一签名，并穿戴好试验所需的各类安全防护器具，方可进入现场。

试验进场前，试验工作负责人应组织试验人员预先熟悉试验方案和试验作业指导书，了解被试品状况和设备使用记录，准备试验所需的试验装置和安全工器具，准备原始数据记录表。

高压试验宜在白天进行，确因工作需要在晚上进行的，工作现场应有足够的照明。当高压试验室（包括户外高压试验场）空气湿度大于80%时，不宜进行高压试验。雷雨及恶劣天气时，禁止在室外露天场地进行高压试验。

系统有接地故障时，禁止进行接地网特性参数测试工作。

进行带电测试时，应注意保持与带电部分的安全距离，并派专人监护。在带电设备的接地引下线上进行测量时，不得断开设备接地回路，测试人员应穿专用的、外观无破损、检测合格的绝缘靴。

在进行试验工作前，应先将耐压设备逐个多次放电并短路接地。

三、检测中的组织措施

1. 高压试验

高压试验工作人员不得少于两人，试验人员应持证上岗。试验负责人应由有经验的人员担任，开始试验前，试验负责人应向全体试验人员详细交代试验中的安全注意事项，交代邻近间隔的带电部位，以及其他安全注意事项。

所有工作人员（包括工作负责人）不许单独进入、滞留在高压室、阀厅内和室外高压设备区内。

试验现场应装设遮栏或围栏，遮栏或围栏与试验设备高压部分应有足够的安全距离，向外悬挂"止步，高压危险！"的标志牌，并派人看守。被试设备两端不在同一地点时，另一端还应派人看守。

加压部分与检测部分之间的断开点，按试验电压应留有足够的安全距离。在一侧有接地短路线时，可在断开点的一侧进行试验，另一侧继续工作。此时在断开点应挂有"止步，高压危险！"的标示牌，并设专人监护。

试验装置的金属外壳应可靠接地；高压引线应尽量缩短，并采用专用的高压试验线，必要时用绝缘物支撑牢固。试验装置的电源开关，应使用明显断开的双极隔离开关。为了防止误合隔离开关，可在刀刃上加绝缘罩。试验装置的低压回路中应有两个串联电源开关，并加装过负荷自动跳闸装置。

严禁工作人员擅自移动或拆除接地线。

严禁用湿手触摸电源开关及其他电气设备。

加压前应认真检查试验接线，使用规范的短路线，表计倍率、量程、调压器零位及仪表的开始状态均应正确无误，经确认后，通知所有人员离开被试设备，并取得试验负责人许可，方可加压。加压过程中应有人监护并呼唱。高压试验作业人员在全部加压过程中，应精力集中，随时警戒异常现象发生，操作人应站在绝缘垫上。

变更接线或试验结束时，应首先断开试验电源、放电，并将升压设备的高压部分放电、短路接地。

未装接地线的大电容被试设备，应先行放电再做试验。高压直流试验时，每告一段落或试验结束时，应将设备对地放电数次并短路接地。

试验中发现异常，应立即停止试验，降下电压、切断电源，对试验装置和被试品充分放电并接地后，方可进行分析和检查。对试验数据有怀疑时，应先停止试验，在做好各项安全措施后，再做原因讨论和分析。试验间断后恢复试验时，应按试验开始程序对各项准备工作重新进行检查和确认。

工作期间，工作负责人、专责监护人不得离开现场。若因故确需暂时离开工作现场时，应指定另一位能胜任的工作人员临时代替，将工作现场交代清楚，并告知工作班成员；原工作负责人返回时，也应履行同样的交接流程。

工作间断时，工作班人员应切断相关电源并从工作现场撤出。每日收工，应清扫工作地点，开放已封闭的通道。

试验结束时，试验人员应拆除自装的接地短路线，并对被试设备进行检查，恢复试验前的状态，经试验负责人复查后，进行现场清理。

2. 机械试验

机械试验负责人应由有经验的人员担任，开始试验前，试验负责人应向全体试验人员详细交代试验中的安全注意事项。

所有工作人员（包括工作负责人）在试验时不许单独进入、滞留在机械试验室的黄色警示区内；如有必要进入，必须在停止试验后，方可进入。

机械试验应使用专业合格的辅助工具（夹具、导线等），使用前需对其进行检查。

每次工作前，要严格检查设备、接地系统、液压系统是否完好。开机前，检查电源是否完好，油压表是否回零。

被检样品试验前，需进行外观检查，对一些已经有明显开裂、破损、变形的样品可直接判断其不合格。在检测时，应时刻注意样品状态，如有变形、断裂等现象应及时停止试验。

现场安装、搬运样品时需轻拿轻放，防止样品受损或砸伤人员。检测完成的样品需定点堆放，以免造成人员磕绊。

对一些经试验可能破碎的样品，在检测前应在样品外部包裹麻布，避免物品破碎导致飞溅伤害。

样品安装完毕后，需将防护网门关闭，人员站在黄线外后方可开始检测。

工作间断时，工作班人员应从工作现场撤出。每日收工，应清扫工作地点，开放已封闭的通道。

试验结束时，检查设备阀门是否关紧或电源开关是否关闭，恢复到工作前的状态，进行现场清理。

四、检测终结组织措施

全部工作完毕后，工作班应清扫、整理现场。工作负责人应清点全部作业人员人数，检查设备状况、状态是否恢复到工作前的状态。

工作终结前，工作人员应清理现场，并把所有试验样品和试验用的工具、器材、仪表等（若有）搬出设备区，做到料净场地清。

工作终结后，应召开班后会，总结讲评当班工作和安全情况，表扬遵章守纪行为，批评忽视安全、违章作业等不良现象，并做好记录。

第二节　保证安全的技术措施

在电气设备上工作，保证安全的技术措施包括停电、验电、接地与接地放电、悬挂标示牌和装设遮栏（围栏）等。上述措施由试验人员或有权执行操作的人员执行。

一、停电

工作地点应停电的设备如下：

（1）检测的设备。

（2）无论高压设备是否带电，工作人员均不得单独移开或越过遮栏进行工作；若有必要移开遮栏时，应有监护人在场，并符合表 2-1 规定的设备不停电时的安全距离。

表 2-1　　　　　　　　　设备不停电时的安全距离

电压等级（kV）	安全距离（m）	电压等级（kV）	安全距离（m）
10 及以下（13.8）	0.70	1000	8.70
20、35	1.00	±50 及以下	1.50
66、110	1.50	±400	5.90
220	3.00	±500	6.00
330	4.00	±660	8.40
500	5.00	±800	9.30
750	7.20		

注　1. 表中未列电压等级按高一档电压等级安全距离。

　　2. ±400kV 数据是按海拔 3000m 校正的，海拔 4000m 时安全距离为 6.00m。750kV 数据是按海拔 2000m 校正的。

（3）工作人员工作中正常活动范围与设备带电部分的距离小于表 2-2 规定的安全距离。

表 2-2　　工作人员工作中正常活动范围与设备带电部分的安全距离

电压等级（kV）	安全距离（m）	电压等级（kV）	安全距离（m）
10 及以下（13.8）	0.35	1000	9.50
20、35	0.60	±50 及以下	1.50
66、110	1.50	±400	6.70
220	3.00	±500	6.80
330	4.00	±660	9.00
500	5.00	±800	10.10
750	8.00		

注　1. 表中未列电压等级按高一档电压等级安全距离。

　　2. ±400kV 数据是按海拔 3000m 校正的，海拔 4000m 时安全距离为 6.80m。

　　3. 750kV 数据是按海拔 2000m 校正的，其他等级数据按海拔 1000m 校正。

（4）在 35kV 及以下的设备处工作，安全距离虽大于表 2-2 规定，但小于表 2-1 规定，同时又无绝缘隔板、安全遮栏措施的设备。

（5）带电部分在工作人员后面、两侧、上下，且无可靠安全措施的设备。

（6）其他需要停电的设备。检测设备停电，应把各方面的电源完全断开（任何运行中的星形接线设备的中性点，均应视为带电设备）。禁止在只经断路器断开电源或只经换流器闭锁隔离电源的设备上工作。应拉开隔离开关，手车开关应拉至试验或检修位置，使各侧有一个明显的断开点。若无法观察到停电设备的断开点，应有能够反映设备运行状态的电气和机械等指示。与停电设备有关的变压器和电压互感器，应将设备各侧断开，防止向停电检修设备反送电。

检测设备和可能来电侧的断路器、隔离开关应断开控制电源和合闸电源，隔离开关操作把手应锁住，确保不会误送电。

对难以做到与电源完全断开的检修设备，可以拆除设备与电源之间的电气连接。

二、验电

验电可以直接验证停电设备是否确无电压，也是检验停电措施的制定和执行是否正确、完善的重要手段。

验电时，应使用相应电压等级、合格的接触式验电器，在装设接地线或合接地开关处对各相分别验电。验电前，应先在有电设备上进行试验，确证验电器良好；无法在有电设备上进行试验时，可用工频高压发生器等设备验证验电器良好。

高压验电应戴绝缘手套。验电器的伸缩式绝缘棒长度应拉足，验电时手应握在手柄处不得超过护环，人体应与验电设备保持表 2-1 中规定的距离。雨雪天气时不得进行室外直接验电。

对无法进行直接验电的设备、高压直流输电设备和雨雪天气时的户外设备，可以进行间接验电，即通过设备的机械指示位置、电气指示、带电显示装置、仪表及各种遥测、遥信等信号的变化来判断。判断时，至少应有两个非同样原理或非同源的指示发生对应变化，且所有这些确定的指示均已同时发生对应变化，才能确认该设备已无电。检查中若发现其他任何信号有异常，均应停止操作，查明原因。若进行遥控操作，可采用上述间接方法或其他可靠的方法进行间接验电。

330kV 及以上的电气设备，可采用间接验电方法进行验电。

表示设备断开和允许进入间隔的信号、经常接入的电压表等，如果指示有电，在排除异常情况前，禁止在设备上工作。

三、接地与接地放电

1. 接地

（1）高压试验的接地应满足人身设备安全和测量准确度的要求。应接地的试验装置和被试品外壳必须良好接地，以保证高压试验测量准确度和人身安全。接地电阻的要求应符合 DL/T 596—2021《电力设备预防性试验规程》的相关规定。设备接地点与被试设备的接地点之间应有可靠的金属性连接。

（2）试验室内所有的金属架构、固定的金属安全遮栏均应与接地网有牢固的连接。接地点应有明显可见的标志。为了保证接地系统始终处于完好状态，应每两年测量一次接地电阻及接地导通，判断接地点的通断状态。

（3）对于户外试验场，应提供 6 年内测量的接地电阻及接地导通报告。

（4）高压试验设备、试品和动力配电装置所用的接地线应用多股编织裸铜线或外覆透明绝缘层铜质软绞线或铜带制成。

（5）高压试验用接地线截面积应能满足试验要求且不应小于 $4mm^2$。动力配电装置上所用的携带型接地线截面积不应小于 $25mm^2$。

（6）装设接地线时，应由两人或两人以上进行。接地点均应在试验区范围内，且明显可见。工作人员不应擅自移动或拆除接地线。

（7）接地线与接地系统应采用螺栓或接地专用线夹连接固定，确保连接牢固、接触良好，接地线长度应尽可能短，且明显可见。接地回路严禁缠绕，不得接在水管、暖气片和低压电气回路的中性线上。

（8）装设接地线时应先接接地端，后接导体端，连接线应接触良好、连接可靠。拆接地线的顺序与此相反。接地线应使用专用的线夹固定在导体上，不应采用缠绕的方法进行接地。装、拆接地线均应使用绝缘棒和戴绝缘手套。人体不应直接触碰接地线或未接地的导线，以防止感应电触电。

（9）装、拆接地线，试验人员应做好记录，交接清楚。

（10）进行高压试验时，试验设备附近的其他仪器设备应短接并可靠接地。在本书规定的安全距离范围内，试验区所有金属架构均应接地。在户外试验时，试验区附近的其他金属物体也应可靠接地。

（11）试验室闲置的容性设备应短路接地。星形接线电容器的中性点应接地。

（12）试验器具的外壳应可靠接地，高压引线应尽可能短，必要时用绝缘物支撑，为了确保试验时高压回路的任何部分不对接地体放电，高压回路与接地体必须留有足够的距离。

2. 接地放电

（1）接地棒的要求。对高压试验设备和试品放电应使用接地棒，绝缘长度按安全作业的要求选择，且总长度不应小于 1000mm，其中绝缘部分不应小于700mm。

（2）操作要求。操作应符合下列要求：

1）对试验装置和被试品的放电应使用接地棒，严禁直接手持接地线进行放电；使用接地棒时，手握位置不应超过握柄部分的护环。接地线与人体的距离不应小于接地棒的有效绝缘长度。

2）对高压试验设备及试品在高压试验前、试验结束或间断后的放电，应先将接地棒的接地线可靠地连接在接地桩（带）上，再用接地棒接触高压试验设备及试品的高压端，对试验装置及被试品进行充分放电并接地。

3）对大电容的直流试验设备和试品，以及直流试验电压超过100kV的设备和试品接地放电时，应先用带放电电阻的接地棒放电，然后直接短路接地放电。

4）变更冲击电压发生器调波电阻或直流发生器更换极性前，应对电容器及充电电路逐级短路接地放电或启动短路接地装置。

5）放电后将接地棒挂在高压端，保持接地状态，再次试验前取下。

（3）放电时间要求。高压试验结束或间断后，对高压试验设备和试品进行接地放电，从接地棒接触高压试验设备和试品的高压端至试验人员能接触的时间，不宜短于 3min。大容量试品的放电时间，应在 5min 以上。电缆和电容器的放电时间应满足相应设备的技术要求。

四、悬挂标示牌和装设遮栏（围栏）

（1）高压试验区周围应设置遮栏，遮栏上悬挂适当数量的"止步，高压危险！"标示牌。标示牌的标志应朝向外侧，加压期间该通道必须封闭。必要时，通往试验区的门与试验电源应有联锁装置，当通往试验区的门打开时，应发出报警信号，并使试验电源跳闸。

（2）在户外试验场进行试验时，除设置必要的遮栏、安全警示牌和安全信号灯外，应派专人全方位监视试验区，以防人员闯入试验区。

（3）屏蔽遮栏宜由金属制成，应可靠接地，且遮栏高度不应低于 2m。

（4）工作人员不应越过遮栏，不应擅自移动或拆除遮栏（围栏）、标示牌。

（5）在同一试验室内同时进行不同的高压试验时，各试验区之间应按各自安全距离用遮栏隔开，同时设置明显的标示牌，留有安全通道。

（6）户外试验场试验时，在一经合闸即可导致试验区域设备带电的断路器和隔离开关的操作把手上，均应设置"禁止合闸，有人工作！"的标示牌。

（7）户外试验场如果包含线路，且线路上有人工作时，应在线路断路器和隔离开关的操作把手上悬挂"禁止合闸，线路有人工作！"的标示牌。

（8）户外试验场试验时，如果接地开关与被试设备之间连有断路器，在接地开关和断路器合上后，应在断路器操作把手上悬挂"禁止分闸！"的标示牌。

（9）户外试验场可根据试验需要，设置符合安全要求的固定观测点。

五、遮栏（含屏蔽遮栏）的安全距离

根据 GB/T 16927.1—2011《高电压试验技术 第 1 部分：一般定义及试验要求》的规定，交流或正极性操作冲击试验时最高试验电压与试品高压电极对接地体或其他导电体间最小间隙距离的关系曲线如图 2-1 所示。为确保高压试验的安全性，安全距离应不小于 1.5 倍的最小间隙距离。

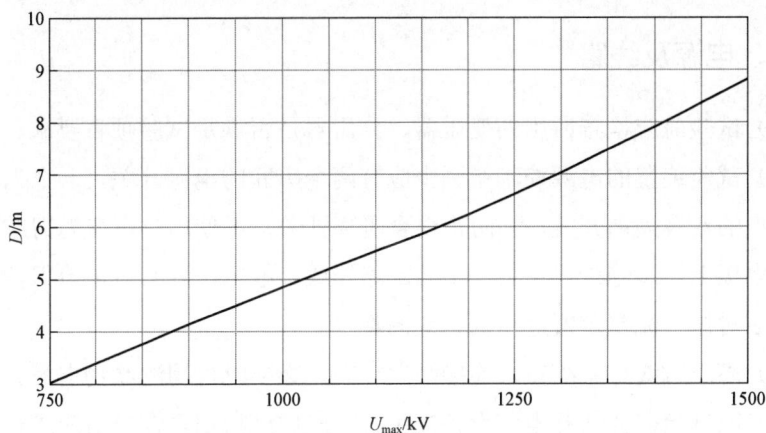

图2-1　交流或正极性操作冲击试验时最高试验电压 U_{max} 与试品高压端对接地体或其他导电体间最小间隙距离 D 的关系

试验中的高压引线及高压带电部件至遮栏（含屏蔽遮栏）的距离应大于表2-3和表2-4中的数值。

表 2-3　　　　　　　　　　交流和直流试验安全距离

试验电压（kV）	安全距离（m）	试验电压（kV）	安全距离（m）
200	1.5	1000	7.2
500	3	1500	13.2
750	4.5	—	—

注　1. 试验电压 200kV 以下的安全距离要求不小于 1.5m。

　　2. 试验电压交流为有效值，直流为最大值。

　　3. 适用于海拔不超过 1000m 地区。对于海拔高于 1000m 的地区，按 GB 311.1—2012《绝缘配合　第 1 部分：定义、原则和规则》中海拔校正规定进行修正。

表 2-4　　　　　　　　　　冲击试验（峰值）安全距离

试验电压（kV）	安全距离（m）		试验电压（kV）	安全距离（m）	
	操作冲击	雷电冲击		操作冲击	雷电冲击
500	3	3	2000	16	14
1000	7.2	7.2	3000	30	18
1500	13.2	12.5	4000	—	22

注　1. 试验电压 500kV 以下的安全距离要求不小于 3m。

　　2. 适用于海拔不超过 1000m 地区。对于海拔高于 1000m 的地区，按 GB 311.1—2012《绝缘配合　第 1 部分：定义、原则和规则》中海拔校正规定进行修正。

六、电源及线路

（1）试验前应检查所用的变压器、分压器是否满足试验项目要求。

（2）试验装置的电源控制箱至少应有两个串联的电源开关，一个为带有明显断开点的双极隔离开关，为防止误合隔离开关，不使用时可在刀刃或外部裸露接触电极上加装绝缘罩；另一个为断路器或接触器，并有过电流保护功能，试验前应对过电流整定值进行确认或调整。

（3）高压引线尽量缩短，连接必须牢固，必要时可用绝缘物支撑。

（4）因试验需要断开电气设备接头时，应做好标记，恢复后应进行检查。

（5）试验电源应从规范的检修电源箱上接取，严禁"一相一地"方式取电，严禁将试验接地线当作电源中性点使用。

七、其他措施

1. 人员防护措施

（1）当试验电压较高时，特别是冲击试验电压（峰值）高于 2000kV 时，所有人员应留在能防止异常放电危及人身安全的地带，如控制室、观察室或屏蔽遮栏外，切断试验电源前，任何人员不应进入试验区内。

（2）进行高（低）温、低气压、恶劣环境试验时，应有防止人身伤害的防护措施；进行大电流试验时，应有防止因试品损坏产生爆裂伤害人身的防护措施。

（3）高压试验人员进入试验场地时应穿戴合格的绝缘鞋、绝缘手套、安全帽等必要安全器具，试验操作人员应站在绝缘垫上。试验前须认真检查接线、表计量程，确认调压器处于零位，仪表开始状态正确无误，并通知有关人员离开被试设备，得到负责人许可后，方可加压试验。

（4）登高试验人员进行试验时，应穿戴合格的安全带、安全帽、安全绳，并检查梯具、速差防坠自锁器等器具是否合格；试验时须认真检查试验设备正常，试验周边安全，得到负责人许可后，方可进行试验。

（5）机械试验人员进行试验时，应根据试验需求穿戴合格的防砸鞋、防割手套、护目镜等防护器具；试验时须认真检查试验设备正常，试验周边安全，得到负责人许可后，方可进行试验。

2. 试品起吊和搬运

试品起吊应执行起重操作规程和要求，试品起吊和搬运时应符合下列规定：

（1）特种起重设备操作人员必须持证上岗，未经专门训练不能单独操作。

（2）开车前应认真检查设备供电是否正常，试运行设备各传动机构是否正常，制动器是否可靠。

（3）起重设备准备工作时，应查看是否有其他人员在设备周围逗留，防止设备伤人。

（4）起重设备在起吊时不能用吊钩组的钩头直接悬挂重物，应用绳索绑扎牢固或用达标的吊带悬挂载荷物件。

（5）吊物起升、运行时要速度均匀、平衡运行，需要停车时应提前一定距离操作，切不可用反向操作停车，防止事故发生。

（6）起吊、搬运大型或精密试验设备应事先制定安全技术措施，指定现场负责人，操作人员应持证上岗，其合格证种类应与所操作（指挥）的起重设备类型相符。起吊搬运时应安排专人指挥，参加工作的人员应熟悉起吊、搬运方案和安全措施。起吊现场作业人员应佩戴安全帽。

此外，试品起吊和搬运时还应符号"十不吊"原则：

（1）吊物重量不明或超负荷不准吊：起吊工作开始前，应由工作负责人或指定专人检查工具、机具及绳索质量，起重设备、吊索具和其他起重工具的工作负荷不应超过铭牌规定。

（2）安全装置失灵不吊：起重机械的载荷、制动、限位、联锁及保护等安全装置应灵活可靠，不符合要求者不应使用。

（3）吊物下方有人、被吊物上有人或有浮置物不吊：任何人员不应在起吊物下停留或行走，不应站在起吊物上或者吊车上直接吊装重物进行加工。

（4）工件埋在地下不吊。

（5）6 级以上大风不吊：如遇有 6 级以上的大风时，不应露天进行起重工作。当风力达到 5 级以上时，受风面积较大的物体不宜起吊。雷雨时，应停止户外起重作业。

（6）信号不明或信号不清楚不吊：遇有大雾、照明不足、指挥人员看不清各工作地点或起重机操作人员未获得有效指挥时，不应进行起重作业。

（7）斜拉、斜牵、斜吊对象工件不吊。

（8）棱角锋利的物件没有防护措施、散物捆扎不牢或物料装放过满不吊。

（9）氧气瓶、乙炔瓶等具有爆炸性物体不吊。

（10）违章指挥不吊。

3. 高处作业

（1）凡在离坠落高度基准面 2m 以上的地点进行工作都应视作高处作业。

（2）高处作业前，应检查栏杆、梯子、安全带是否牢固可靠。高处作业时，应戴安全帽，使用安全带，或采取其他可靠的安全措施。工具、材料不得抛扔传递。

（3）高压试验室内的高空作业车应由经过培训考试合格的专人操作。在试验期间，不应开动高空作业车。

（4）安全带和专作固定安全带的绳索在使用前应进行外观检查。安全带的挂钩应挂在结实牢固的构件上或专为挂安全带用的钢丝绳上，并应采用高挂低用的方式。不应挂在移动或不牢固的物件上。高处作业人员在作业过程中，应随时检查安全带是否拴牢。高处作业人员在转移作业位置时，不应失去安全保护。

（5）高处作业应一律使用工具袋。较大的工具应用绳拴在牢固的构件上，工具应放置在牢靠的地方或用铁丝扣牢并有防止坠落的措施。

（6）使用梯子时，梯子应安置稳固并有人员看护。人字梯应具有坚固的铰链和限制开度的拉链。

4. 消防和防护

（1）高压试验室的消防设置应符合消防规定要求，应设置灭火设施和灭火器。遇有电气设备着火时，试验人员应迅速切断电源，立即组织救火。

（2）有毒性、易燃、易爆的试验用品应根据有关规定储放，并由专人负责保管。接触有害物质的试验时，应制定专门的防护措施。

（3）安全工器具使用前，应检查确认绝缘部分无裂纹、老化、绝缘层脱落、严重伤痕等现象，以及固定连接部分无松动、锈蚀、断裂等现象。对其绝缘部分的外观有疑问时，应经绝缘试验合格后方可使用。

（4）安全工器具的配置与存放要求应符合 DL/T 1475—2015《电力安全工器具配置与存放技术要求》的相关规定。

（5）安全工器具预防性试验应符合 DL/T 1476—2023《电力安全工器具预防性试验规程》的相关规定，特种设备应在有效检定周期内。

（6）安全工器具运输或存放在车辆上时，不应与酸、碱、油类和化学药品接触，并应采取防损伤和防绝缘性能破坏的措施。

第三章

检测安全风险管控

第一节 概 述

本节依据国家电网有限公司发布的《作业安全风险管控工作规定》《安全风险管理工作基本规范（试行）》《生产作业风险管控工作规范（试行）》《供电企业安全风险评估规范及辨识防范手册》，阐述作业项目安全风险控制的职责与分工、计划编制、风险识别、评估定级、现场实施等要求，遵循"全面评估、分级管控"的工作原则，并依托安全生产风险管控平台（以下简称"平台"，含移动 App）实施全过程管理，形成"流程规范、措施明确、责任落实、可控在控"的安全风险管控机制。

作业项目安全风险管控流程包括计划管理、风险辨识、风险评估、风险公示、风险控制、检查与改进等环节。

安监部门负责建立健全本单位作业风险评估、管控及督查工作机制；组织、协调和督导本单位作业风险管控工作，对所属单位作业风险评估定级、公示、管控措施制定和落实情况开展监督检查和评价考核；牵头组织风险管控工作督查会议。

中国电力科学研究院有限公司、华北电力大学等专业部门负责组织本专业作业计划编制、风险评估定级、管控措施落实等工作；按要求组织开展到岗到位工作；参加风险管控工作督查会议。

检测中心负责组织实施作业风险管控工作，编制并上报作业计划，按照批复的作业计划组织落实风险预控、作业准备、作业实施、到岗到位等各环节安全管控措施和要求。

班组负责落实现场勘察、风险评估、班前（后）会、安全交底、作业监护等安全管控措施和要求。

第二节 作业安全风险辨识与控制

一、计划管理

（1）各单位应根据设备状态、电网需求、基建技改及用户工程、保供电、气候特点、承载力、物资供应等因素，按照作业计划编制"六优先、九结合"原则，统筹协调生产、建设、营销、调度等各专业工作，科学编制作业计划。

（2）各单位的作业任务应统筹考虑月度停电计划、管理和作业承载能力等情况，按周进行平衡安排，细化分解到日，形成作业计划。

（3）生产作业、营销作业、输变电工程、配（农）网建设、迁改工程施工、信息通信作业，以及送变电公司和省管产业单位承揽的外部建设项目施工均应纳入作业计划管控，严禁无计划作业。

（4）作业计划应包括作业内容、作业时间、作业地点、作业人数、专业类型、风险等级、风险要素、作业单位、工作负责人及联系方式、到岗到位人员信息等内容。

（5）作业计划按照"谁管理、谁负责"的原则实行分层分级管理。各单位应结合平台应用，明确各专业计划管理人员，健全计划编制、审批和发布工作机制，严格计划编审、发布与执行的全过程监督管控。

（6）作业计划实行刚性管理，禁止随意更改和增减作业计划，确属特殊情况需追加或者变更作业计划，应按专业要求履行审批手续后方可实施。

二、风险识别

（1）作业任务确定后，各单位应根据作业类型、作业内容，规范组织开展现场勘察、危险因素识别等工作。

（2）承发包工程作业应由项目主管部门、单位组织，设备运维管理单位和作业单位共同参与。

（3）对涉及多专业、多单位的大型复杂作业项目，应由项目主管部门、单位组织相关人员共同参与。

作业项目风险因素见表3-1。

表 3-1 作业项目风险因素表

序号	评估类别	危险因素
一		触电伤害
（一）	误入带电设备	（1）设备检修时，工作人员与带电部位的安全距离小于规定值，造成人员触电。 （2）悬挂标示牌和装设遮（围）栏不规范，造成人员触电。如：标示牌缺少、数量不足或朝向不正确，装设遮（围）栏不满足现场安全的实际要求等。 （3）高压设备的隔离措施不规范，造成误入带电设备触电。如：遮栏不稳固，高度不足，未加锁等。 （4）对难以做到与电源完全断开的检修设备未采取有效措施，造成人员触电。 （5）现场安全交底内容不明确，造成人员触电。如：工作负责人布置工作任务时未向工作班成员交待安全注意事项，工作班成员工作前未核对安全范围，导致误入带电设备危险范围。 （6）忽视对外协工作人员、临时工的安全交底，造成人员触电。如：使用少量的外协工作人员、临时工时，未进行安全交底。 （7）工作人员擅自工作或不在规定的工作范围内工作，误入带电间隔，造成人员触电。如：未经许可工作、擅自扩大工作范围、在安全遮（围）栏外工作等
（二）	误碰带电设备	（1）现场使用吊车、斗臂车等大型机械时，对吊车、斗臂车司机现场危险点告知及检查不规范，造成人员触电。如：未告知现场工作范围及带电部位，致使吊臂对带电导体放电等。 （2）室内、室外母线分段部分、母线交叉部分及检测时忽视带电部位，造成人员触电。如：作业地点带电部位不清，误碰带电设备等。 （3）现场临时电源管理不规范，造成人员触电。如：乱拉电源线，电源线敷设不规范，使用的工具、金属型材、线材误将临时电源线轧破磨伤等。 （4）仪器的摆放位置不合理，造成人员触电。如：仪器摆错位置或摆放位置离带电设备太近等。 （5）容性设备进行试验工作放电不规范，造成人员触电。如：电力电容器、电力电缆未充分放电等。 （6）加压过程中失去监护，造成人员触电。如：监护人干其他工作或随意离去，注意力不集中等。 （7）仪器金属外壳无保护接地，造成人员触电。如：外壳未接地或接地不牢等。 （8）试验现场安全措施不规范，他人误入，造成人员触电。如：遮栏或围栏进出口未封闭，标示牌朝向不正确，无人看守等。 （9）高压试验人员操作时未规范使用绝缘垫，造成人员触电。如：绝缘垫耐压不合格，绝缘垫太小，试验人员操作时一只脚站在绝缘垫上，另一只脚站在地面上等。 （10）绝缘工器具不合格或使用不规范，造成人员触电。如：氧化、破损、超周期使用等。 （11）工作中无人监护误碰其他带电设备。如：工作人员身体裸露部分误碰带电设备等。 （12）检修设备的交、直流电源未断开，造成人员触电。如：未断开检修设备的控制电源或合闸电源等
（三）	电动工器具类触电	（1）电动工器具的检测不规范，造成人员触电。如：手握导线部分或与带电设备安全距离不够等。 （2）电动工器具绝缘不合格，造成人员触电。如：外绝缘破损、超周期使用等。 （3）电动工器具金属外壳无保护，造成人员触电。如：外壳未接地或用缠绕方式接地

续表

序号	评估类别	危险因素
（四）	交流耐压触电	（1）工作中试验方法不当，造成人员触电。如：接错线、试验表计未调至零位或未断开电源等。 （2）工作人员改接试验线时，未采取措施，造成人员触电
（五）	其他类触电	手机充电过程不规范，造成人员触电。如：距离带电设备危险范围内给手机充电
二		机械伤害
（一）	操作机械设备	设备防护设施不全，造成人员伤害。如：缺少防护罩、防护屏，围栏等
（二）	机械试验中	受力工具断裂导致的能量非正常释放，造成人员伤害。如：金属碎片伤人等
（三）	起重机械	吊车起重作业措施不当失控伤人，造成人员伤害。如：翻车、千斤断裂或系挂点脱落、起吊回转范围内有人等
（四）	梯子检测过程中	（1）梯子本身不符合要求，造成附近工作人员受伤。如：构件连接松动、严重腐（锈）蚀、变形；防滑装置（金属尖角、橡胶套）损坏或缺失、无限高标志或不清晰、绝缘梯绝缘材料老化、劈裂；升降梯控制爪损坏、人字梯铰链损坏、限制开度拉链损坏或缺失等。 （2）梯子放置不符合要求，造成人员受伤。如：角度不符合要求、不稳固；梯子架设在滑动的物体上、人字梯限制开度拉链未完全张开；升降梯控制爪未卡牢等。 （3）搬运防护措施不当造成受伤。如：无人扶梯、未穿工作鞋、脚未踩稳、手未抓牢、面部朝向不正确等
三		特殊环境作业
（一）	夜晚、恶劣天气作业	夜晚高处作业，工作场所照明不足，导致事故
（二）	有限空间作业	（1）未对从业人员进行安全培训，或培训教育考试不合格，导致人身伤害。 （2）未严格实行作业审批制度，擅自进入有限空间作业，导致人身伤害。 （3）未做到"先通风、再检测、后作业"，或者通风、检测不合格，照明设施不完善，导致人身伤害。 （4）未制定应急处置措施，作业现场应急装置未配备或不完整，作业人员盲目施救，导致人身伤害和衍生事故

三、评估定级

（1）作业风险根据不同类型工作可预见安全风险的可能性、后果严重程度，从高到低分为一到五级。作业风险定级应以每日作业计划为单元进行，同一作业计划（日）内包含多个工序、不同等级风险工作时，按就高原则确定。

（2）一级风险作业不得直接实施，必须通过组织、技术措施降为二级及以下风险后方可实施。遇有恶劣天气、连续工作超 8h、夜间作业等情况宜提高风险等级进行管控。

四、管控措施制定

风险管控措施是指采取预防或控制措施将风险降低到可接受的程度。技术上通常采用消除、隔离、防护、减弱等控制方法。

（1）作业风险评估定级完成后，作业单位应根据现场勘察结果和风险评估定级的内容制定管控措施。

（2）作业风险管控措施由作业班组、相关专业管理部门和单位分级策划制定，并经逐级审批后执行。

（3）因现场作业条件变化引起风险等级调整的，应重新履行识别、评估、定级和管控措施制定审核等工作程序。

检测作业安全风险典型控制措施见表 3-2。

表 3-2　　　　　　　　检测作业安全风险典型控制措施

序号	作业活动	危险因素	可能导致的事故	涉及人员	现有控制措施
1	耐压试验、机械试验	误入高压或机械试验区域	触电或砸伤	检测人员	安全围栏、红外线警示灯、警示牌、专人监护
2	耐压试验	误接电源	触电	检测人员	使用触电保护器及二人接线
3	耐压试验	绝缘线破损	触电	检测人员	试验前检查引线
4	耐压试验、机械试验	接地线不良	触电	检测人员	使用接地夹
5	耐压试验、机械试验	工作结束，电源侧隔离开关未关闭，致引线带电	触电	检测人员	设专人监护
6	耐压试验、机械试验	设备漏电	触电	检测人员	设备外壳接地
7	耐压试验、机械试验	试验人员身体不适	触电或砸伤	检测人员	检测人员互相观察
8	耐压试验	放电未尽	触电	检测人员	接地线夹住换线
9	耐压试验	人与带电设备、试验设备、被试设备的安全距离不足	触电	检测人员	保持足够的安全距离并有专人监护
10	耐压试验	人对地绝缘不良	触电	检测人员	采用绝缘垫

续表

序号	作业活动	危险因素	可能导致的事故	涉及人员	现有控制措施
11	耐压试验、机械试验	走错隔间	触电	检测人员	设专人监护
12	耐压试验	感应电	触电	检测人员	使用接地线，戴绝缘手套
13	耐压试验	绝缘杆与相邻带电间隔放电	触电	检测人员	设专人监护
14	耐压试验	试验高压	触电	检测人员	装设红外线警示灯，专人监护
15	耐压试验	试品耐压过程中产生的气体	中毒	检测人员	佩戴口罩
16	耐压试验、机械试验	酒后参加工作	触电或砸伤	检测人员	工作期间禁止喝酒，酒后不得参加工作
17	耐压试验、机械试验	未正确佩戴防护用品	触电或砸伤	检测人员	专人监护
18	耐压试验、机械试验	参加工作	触电	新进员工	参加岗前培训，持证上岗，专人监护
19	机械试验	未关防护网门运行设备	砸伤	检测人员	要求关上所有防护网门方能运行设备
20	机械试验	设备未停止打开护栏门	砸伤	检测人员	要求设备完全停止后方能打开护栏门，进入工作
21	热延伸试验	试品加热过程中产生的气体	中毒	检测人员	佩戴呼吸面罩
22	取样试验	使用切割机	割伤和砸伤	检测人员	按操作规程操作，做好安全措施
23	试品摆放	堆放不当倒塌	砸伤	检测人员	整齐摆放试品
24	试品送检	误入高压或机械试验区域	触电或砸伤	外来人员	安全围栏、红外线警示灯、警示牌、专人监护
25	香蕉水	香蕉水易燃	火灾	检测人员	使用时，佩戴口罩，严禁明火、吸烟
26	吸烟	工作场地吸烟，乱扔烟蒂	火灾	检测人员和外来人员	工作场地严禁明火、吸烟
27	修理仪器仪表	使用电烙铁	灼烫	检测人员	佩戴隔热手套
28	设备的预试和小修	试验时警告标志不明显	触电	检测人员	要求试验班组做好安全措施
29	设备检修	电线老化	触电、火灾	检测人员	日常检查
30	设备检修	错接线路	触电、火灾	检测人员	必须2人及以上一起工作

续表

序号	作业活动	危险因素	可能导致的事故	涉及人员	现有控制措施
31	设备检修	使用的安全工器具绝缘不良	触电	检测人员	日常检查
32	设备检修	使用未经检测的安全工器具	触电	检测人员	日常检查
33	电工维修	灼伤、误碰	触电	检测人员	必须2人及以上一起工作
34	上下班	违反交通规则	交通事故	检测中心人员	要求上下班遵守交通规则,注意安全
35	中午就餐	食品安全	中毒	检测中心人员	到单位食堂或食品安全地点就餐

五、作业风险管控督查例会

各单位应围绕作业计划,以专业管理为核心,依托各级各类专业工作和安全例会,分层分级构建作业风险分析预控和监督工作机制,强化作业组织管理,规范开展作业风险分析辨识、评估定级及管控措施督促执行等工作。

六、风险公示告知

(1)风险公示内容应包括作业内容、作业时间、作业地点、专业类型、风险等级、风险因素、作业单位、工作负责人姓名及联系方式、到岗到位人员信息等。

(2)各单位、专业、班组应充分利用工作例会、班前会等,逐级组织交代工作任务、作业风险和管控措施,并通过移动作业App从上至下将"四清楚"(作业任务清楚、作业流程清楚、危险点清楚、安全措施清楚)任务传达到岗、到人。

七、现场风险管控

(1)作业开始前,工作负责人应提前做好准备工作。

1)核实作业必需的工器具和个人安全防护用品,确保合格有效。

2)核实作业人员是否具备安全准入资格,特种作业人员是否持证上岗,特种设备是否检测合格。

3)按要求装设视频监控终端等设备,并通过移动作业App与作业计划关联。

4）工作许可人、工作负责人共同做好现场安全措施的布置、检查及确认等工作，必要时进行补充完善，并做好相关记录。安全措施布置完成前，禁止作业。

（2）工作负责人办理工作许可手续后，组织全体作业人员开展安全交底，并应用移动作业 App 留存工作许可、安全交底录音或影像等资料。

（3）工作负责人对有触电危险、施工复杂容易发生事故的作业，应增设专责监护人，确定被监护的人员和监护范围，专责监护人不得兼做其他工作。

（4）现场作业过程中，工作负责人、专责监护人应始终在作业现场，严格执行工作监护和间断、转移等制度，做好现场工作的有序组织和安全监护。工作负责人重点抓好作业过程中的危险点管控，应用移动作业 App 检查和记录现场安全措施落实情况。

（5）各级单位应建立健全生产作业到岗到位管理制度，明确到岗到位标准和工作内容，实行分层分级管理。

（6）现场工作结束后，工作负责人应配合专责监护人做好验收工作，核实工器具、视频监控设备回收情况，清点作业人员，应用移动作业 App 做好工作终结记录。

（7）工作结束后，班组长应组织全体班组人员召开班后会，对作业现场安全管控措施落实工作执行情况进行总结评价，分析不足，表扬遵章守纪行为，批评忽视安全、违章作业等不良现象。

第三节　应急处置及安全注意事项

一、触电急救

1. 触电急救的原则

触电急救应遵守迅速、就地、准确、坚持的原则。应分秒必争，一经明确呼吸、心跳停止的，立即就地迅速用口对口（鼻）人工呼吸和胸外心脏按压方法，坚持不断地进行抢救，同时及早与医疗急救中心（医疗部门）联系，争取医务人员接替救治。在医务人员未接替救治前，不应放弃现场抢救，更不能只根据没有呼吸或脉搏的表现擅自判定触电伤员死亡，放弃抢救。只有医生有权做出触电伤员死亡的诊断。

2. 迅速脱离电源的方法

（1）低压触电可采用下列方法使触电伤员脱离电源：

1）如果触电地点附近有电源开关或电源插座，可立即拉开开关或拔出插头，断开电源。

2）如果触电地点附近没有电源开关或电源插座（头），可用有绝缘柄的电工钳或有干燥木柄的斧头切断电线，断开电源。

3）当电线搭落在触电伤员身上或压在身下时，可用干燥的衣服、手套、绳索、皮带、木板、木棒等绝缘物作为工具，拉开触电伤员或挑开电线，使触电伤员脱离电源。如果触电伤员的衣服是干燥的，并未紧缠在身上，可用单手抓住其衣服，将其拉离电源。

（2）高压触电可采用下列方法之一使触电伤员脱离电源：

1）立即通知调度和上级部门停电。

2）戴上绝缘手套，穿上绝缘靴，用相应电压等级的绝缘工具按顺序拉开电源开关或熔断器。

3. 脱离电源时的注意事项

（1）救护人不可直接用手、其他金属及潮湿的物体作为救护工具，而应使用适当的绝缘工具。救护人最好用单手操作，以防自身触电。

（2）防止触电伤员脱离电源后可能的摔伤，特别是当触电伤员在高处的情况下，应采取有效的防坠落措施。即使触电伤员在平地，也要注意触电伤员倒下的方向，以防摔伤。救护者在救护中应做好自身的防坠落、防摔伤措施。

（3）救护者在救护过程中，特别是在杆上或高处抢救触电伤员时，要注意自身和被救者与附近带电体之间的安全距离，防止再次触及带电设备。电气设备、线路即使电源已断开，对未做安全措施挂上接地线的设备也应视作有电设备。救护人员登高时应随身携带必要的绝缘工具和牢固的绳索等。

（4）如触电事故发生在夜间，应设置临时照明灯，以便于抢救，避免意外事故，但不能因此延误切除电源和进行急救的时间。

4. 触电伤员脱离电源后的处理流程

（1）判断意识。判断伤员有无意识的方法：轻拍伤员肩部，高声喊叫或直呼其名。如有意识，立即送医院；如眼球固定、瞳孔散大，无反应时，立即用手指甲掐压人中穴、合谷穴约 5s。

（2）呼救。一旦初步确定伤员意识丧失，应立即呼救，招呼周围的人前来协助抢救。

（3）放置体位。正确的抢救体位是仰卧位，即患者头、颈、躯干平卧无扭曲，双手放于躯干两侧。

（4）通畅气道。当发现触电伤员呼吸微弱或停止时，应立即通畅触电伤员的气道，以促进触电伤员呼吸或便于抢救。通畅气道主要采用仰头举颏法。

（5）判断呼吸。触电伤员如意识丧失，应在开放气道后 10s 内用看、听、试的方法判定触电伤员有无呼吸。

（6）口对口（鼻）人工呼吸。当判断触电伤员确实不存在呼吸时，应立即进行口对口（鼻）的人工呼吸。

（7）脉搏判断。在检查触电伤员的意识、呼吸、气道之后，应对触电伤员的脉搏进行检查，以判断触电伤员的心脏跳动情况。

（8）胸外心脏按压。当判断触电伤员心跳确实停止时，应立即进行胸外心脏按压。

5. 口对口（鼻）人工呼吸

（1）在保持呼吸通畅的位置下进行。用按于前额一手的拇指与食指，捏住触电伤员鼻孔（或鼻翼）下端，以防气体从口腔内经鼻孔逸出，施救者深吸一口气屏住并用自己的嘴唇包住（套住）触电伤员微张的嘴。

（2）每次向触电伤员口中吹（呵）气持续 1～1.5s，同时仔细观察触电伤员胸部有无起伏，如无起伏，说明气未吹进。

（3）一次吹气完毕后，应立即与触电伤员口部脱离，轻轻抬起头部，面向触电伤员胸部，吸入新鲜空气，以便做下一次人工呼吸。同时使触电伤员的口张开，捏鼻的手也可放松，以便触电伤员从鼻孔通气，观察触电伤员胸部向下恢复时，应有气流从触电伤员口腔排出。

（4）抢救一开始，应向触电伤员先吹气两次，吹气时胸廓隆起者，人工呼吸有效；吹气后胸部无起伏者，说明气道通畅不够，或鼻孔处漏气、或吹气不足、或气道有梗阻，应及时纠正。并应注意以下几点：

1）每次吹气量不要过大，约 600mL，大于 1200mL 会造成胃扩张。

2）吹气时不要按压胸部。

3）抢救一开始的首次吹气吹两次，每次时间 1～1.5s。

4）有脉搏无呼吸的触电伤员，每 5s 吹一口气，每分钟吹气 12 次。

5）口对鼻的人工呼吸，适用于有严重的下颌及嘴唇外伤、牙关紧闭、下颌骨骨折等情况的，难以采用口对口吹气法的触电伤员。

6. 胸外心脏按压

在未对心跳停止者进行按压前，先手握空心拳，快速垂直击打触电伤员胸前区胸骨中下段 1～2 次，每次 1～2s，力量中等，若无效，则立即进行胸外心脏按压，不能耽误时间。

（1）按压部位：胸骨中 1/3 与下 1/3 交界处。

（2）触电伤员体位：触电伤员应仰卧于硬板床或地上。如为弹簧床，则应在触电伤员背部垫一硬板，硬板长度及宽度应足够大，以保证按压胸骨时触电伤员身体不会移动。但不可因找寻垫板而延误开始按压的时间。

（3）快速测定按压部位，分为以下 5 个步骤：

1）首先触及触电伤员上腹部，以食指及中指沿触电伤员肋弓处向中间移滑。

2）在两侧肋弓交点处寻找胸骨下切迹，以切迹作为定位标志，不要以剑突下定位。

3）将食指和中指两横指放在胸骨下切迹上方，食指上方的胸骨正中部即为按压区。

4）以另一手的掌根部紧贴食指上方，放在按压区。

5）再将定位之手取下，重叠将掌根放于另一手背上，两手手指交叉抬起，使手指脱离胸壁。

（4）按压姿势：正确的按压姿势是抢救者双臂绷直，双肩在触电伤员胸骨上方正中，靠自身重量垂直向下按压。

（5）按压用力方式：

1）按压应平稳，有节律地进行，不能间断。

2）不能冲击式猛压。

3）下压及向上放松的时间应相等，压按至最低点处应有一明显的停顿。

4）垂直用力向下，不要左右摆动。

5）放松时定位的手掌根部不要离开胸骨定位点，但应尽量放松，务使胸骨不受任何压力。

6）按压频率应保持在 100 次/min。

7）按压与人工呼吸的比例成人通常为 30:2。

8）按压深度成人触电伤员通常为 4～5cm。

二、火灾事故现场自救

1. 遭遇火灾时的处置原则

（1）不论何时何地发现火灾，立即拨打"119"或"110"报警。

（2）判断火势方向，避火扑救。就近取水灭火，力争将火苗消灭在萌芽状态。

（3）冷静面对，寻找、利用各种手段设法自救逃生。

2. 发生火灾后的自救方法

（1）从房门逃生时，应该先摸门把。如果门锁很烫，证明门外火势很大，千万不要开门。

（2）匍匐前进，逃出门外。不管在任何地方发生火灾，火势较大时都要设法逃生，不要贪恋财物。火灾刚发生时，火苗、烟雾、热气都是向上的，应尽快用湿毛巾、口罩等物品捂住口鼻，压低身体，不要深呼吸，匍匐前进冲出门外。

（3）浸湿外衣，冲下楼梯。楼房着火后，应立即往身上泼水浸湿衣服，或浸湿棉被毛毯裹住身体，迅速冲下楼梯。如果是自上而下的火灾，且火势凶猛，则不要选择楼梯逃生。

（4）利用阳台、窗户、管道下滑。在房门或楼梯被火封住无法逃生时，立即利用阳台、窗户、管道下滑。

（5）利用绳索逃离。无路可逃时，寻找绳索或利用床被单扯成条状连接，一头固定在较牢固的物体上（窗杆、栏杆），一头拴住自己的腰部，顺绳下滑。

（6）被迫跳楼逃生。火势凶猛，无法逃生，只能选择跳楼时，要先向下面丢棉被等弹性物品做缓冲。尽可能抓住可攀物下滑，降低落下高度。同时保持身体张力，使两脚落地，以减少损伤和重伤。

（7）公共场所逃生。在公共场所遇到火灾应按以上方法逃生，不要慌乱，不要拥挤，听从指挥，协助指挥，以免因拥挤造成挤压伤亡。

（8）火灾逃生时，不应乘坐电梯，以免停电被困或燃烧被烫。

3. 身上着火时的自救原则

（1）身上着火不要奔跑，以免加大火势。

（2）立即脱掉衣服，或跳入水中。

（3）就地打滚，压灭火苗。

（4）不管任何场所发生火灾，都要立即关掉空调，停止送风，并开启排风设施。

（5）发生火灾时，要尽量靠近承重墙或承重构件部位行走，以免重物砸人。

（6）入住旅店，要先观察周围环境，探明紧急出口，做到有备无患。

三、道路交通事故现场自救

（1）报案求救：发生道路交通事故后，驾乘人员应该立即停车，迅速拨打"122"电话报案或"110"电话报警。如有人员伤亡，同时拨打"120"急救电话，寻求医疗救助；如车辆起火燃烧，同时拨打"119"火警电话。

（2）救命救急：尽快将伤员移至安全地带，尽快对危重伤员实施现场救护，如心跳呼吸停止、大出血等的救护。

（3）保护现场：指定专人保护现场。伤员需要移动时，要勾画出现场的基本轮廓，以便交警进行事故处理。

（4）现场自救：事故发生后，无论是司机还是乘客，只要意识还清醒，就要先关闭发动机；对于撞车后起火燃烧的车辆要迅速撤离，以防油箱爆炸伤人；如果只有一人驾驶车辆，汽车翻倒后无力从车中爬出时，可鸣笛或闪动大灯向路过车辆发出求救信号；救护人员要注意自身安全，不要在交通要道上实施救护，以免发生新的事故。

（5）创伤处理：参照创伤救护。

四、创伤和其他急救

1. 创伤急救的基本要求

（1）创伤急救的原则是先抢救，后固定，再搬运，并注意采取措施，防止伤情加重或污染。需要送医院救治的，应立即做好保护伤员措施后送医院救治。急救成功的条件是动作快，操作正确。任何延迟和误操作均可加重伤情，并可导致死亡。

（2）抢救前先使伤员安静躺平，判断全身情况和受伤程度，如有无出血、骨折和休克等。

（3）外部出血须立即采取止血措施，防止失血过多而休克。外观无伤，但呈休克状态，神志不清或昏迷者，要考虑胸腹部内脏或脑部受伤的可能性。

（4）为防止伤口感染，应用清洁布片覆盖。救护人员不得用手直接接触伤口，更不得在伤口内填塞任何东西或随便用药。

（5）搬运时应使伤员平躺在担架上，腰部束在担架上，防止跌下。平地搬运时伤员头部在后，上楼、下楼、下坡时头部在上，搬运过程中应严密观察伤员，防止伤情突变。

（6）若怀疑伤员有脊椎损伤（高处坠落者），在放置体位及搬运时必须保持脊柱不扭曲、不弯曲，应将伤员平卧在硬质平板上，并设法用沙土袋（或其他代替物）放置在头部及躯干两侧以适当固定之，以免引起截瘫。

2. 止血方法

（1）伤口渗血：用比伤口稍大的消毒纱布数层覆盖伤口，然后进行包扎。若包扎后仍有较多渗血，可再加绷带适当加压止血。

（2）伤口出血呈喷射状或鲜红血液涌出：立即用清洁手指压迫出血点上方（近心端），使血流中断，并将出血肢体抬高或举高，以减少出血量。

（3）用止血带或弹性较好的布带等止血时，应先用柔软布片或伤员的衣袖等数层垫在止血带下面，再扎紧止血带，松紧程度以刚使肢端动脉搏动消失为宜。上肢每 60min、下肢每 80min 放松一次，每次放松 1～2min。开始扎紧与每次放松的时间均应书面标明在止血带旁。扎紧时间不宜超过 4h。不要在上臂中 1/3 处和腋窝下使用止血带，以免损伤神经。若放松时观察已无大出血可暂停使用。

（4）严禁用电线、铁丝、细绳等作止血带使用。

（5）高处坠落、撞击、挤压可能有胸腹内脏破裂出血。受伤者外观无出血但常表现面色苍白、脉搏细弱、气促、冷汗淋漓、四肢厥冷、烦躁不安，甚至神志不清等休克状态，应迅速躺平，保持温暖，速送医院救治。若送医途中时间较长，可给伤员饮用少量糖盐水。

3. 骨折急救

（1）肢体骨折可用夹板或木棍、竹竿等将断骨上、下方两个关节固定，也可利用伤员身体进行固定，避免骨折部位移动，以减少疼痛，防止伤势恶化。开放性骨折伴有大出血者，先止血、再固定，并用干净布片覆盖伤口，然后速送医院救治。切勿将外露的断骨推回伤口内。

（2）疑有颈椎损伤时，在使伤员平卧后，用沙土袋（或其他代替物）放置头部两侧使颈部固定不动。在进行口对口呼吸时，只能采用抬颏法使气道通畅，不能再将头部后仰移动或转动头部，以免引起截瘫或死亡。

4. 烧伤急救

（1）电灼伤、火焰烧伤或高温气、水烫伤均应保持伤口清洁。伤员的衣服鞋袜用剪刀剪开后除去。伤口全部用清洁布片覆盖，防止污染。四肢烧伤时，先用清洁冷水冲洗，然后用清洁布片或消毒纱布覆盖送医院。

（2）强酸或碱灼伤应迅速脱去被溅染衣物，现场立即用大量清水彻底冲洗，注意冲洗要彻底，然后用适当的药物给予中和；冲洗时间不少于 10min；被强酸烧伤应用 5%碳酸氢钠（小苏打）溶液中和，被强碱烧伤应用 0.5%～5%醋酸溶液或 5%氯化铵或 10%枸橼酸（又名柠檬酸）液中和。

（3）未经医务人员同意，灼伤部位不宜敷涂任何东西和药物。

（4）送医院途中，可给伤员多次少量口服糖盐水。

5. 动物咬伤急救

（1）毒蛇咬伤。毒蛇咬伤后，不要惊慌、奔跑、饮酒，以免加速蛇毒在人体内扩散；咬伤大多在四肢，应迅速从伤口上端向下方反复挤出毒液，然后在伤口上方（近心端）用布带扎紧，将伤肢固定，避免活动，以减少毒液的吸收；有蛇药时可先服用，再送往医院救治。

（2）犬咬伤。犬咬伤后应立即用浓肥皂水或清水冲洗伤口至少 15min，同时用挤压法自上而下将残留在伤口内的唾液挤出，然后再用碘酒涂擦伤口；少量出血时不要急于止血，也不要包扎或缝合伤口；尽量设法查明该犬是否为"疯狗"，对医院制订治疗计划有较大帮助。

6. 溺水急救

发现有人溺水，应设法迅速将其从水中救出，呼吸心跳停止者用心肺复苏法坚持抢救。曾受水中抢救训练者在水中即可进行抢救。

口对口人工呼吸因异物阻塞发生困难，而又无法用手指除去时，可用两手相叠，置于脐部稍上正中线上（远离剑突）迅速向上猛压数次，将异物挤出，但也不可用力太大。

溺水死亡的主要原因是窒息缺氧。由于淡水在人体内能很快经循环吸收，而气管能容纳的水量很少，因此在抢救溺水者时不应因"倒水"而延误抢救时间，更不应仅"倒水"而不用心肺复苏法进行抢救。

7. 高温中暑急救

烈日直射头部，环境温度过高，饮水过少或出汗过多等均可以引起中暑现象，其症状一般为恶心、呕吐、胸闷、眩晕、嗜睡、虚脱，严重时抽搐、惊厥甚至昏迷。发现有人中暑，应立即将病员从高温或日晒环境转移到阴凉通风处休息，采用冷水擦浴、湿毛巾覆盖身体、电扇吹风，或在头部置冰袋等方法降温，并及时给病员口服盐水；严重者送医院治疗。

8. 有害气体中毒急救

（1）气体中毒开始时有流泪、眼痛、呛咳、咽部干燥等症状，应引起警惕；稍重时头痛、气促、胸闷、眩晕；严重时会引起惊厥昏迷。

（2）怀疑可能存在有害气体时，应立即将人员撤离现场，转移到通风良好处休息。抢救人员进入险区应戴防毒面具。

（3）已昏迷病员应保持气道通畅，有条件时给予氧气吸入。呼吸心跳停止者，按心肺复苏法抢救，并联系医院救治。

（4）迅速查明有害气体的名称，供医院及早对症治疗。

第四章

安全隐患排查治理

第一节 概　述

为贯彻"安全第一、预防为主、综合治理"方针，进一步规范和加强国家电网有限公司（以下简称"公司"）安全隐患排查治理工作，构建隐患排查治理长效机制，防止和减少安全事故（事件）发生，依据《中华人民共和国安全生产法》等安全生产法律法规，编写本章。

第二节　常见安全隐患排查治理

安全隐患排查治理应树立"隐患就是事故"的理念，坚持"谁主管、谁负责"和"全面排查、分级管理、闭环管控"的原则，逐级建立排查标准，实行分级管理，做到全过程闭环管控。

一、定义与分级分类

安全隐患，是指在生产经营活动中，违反国家和电力行业安全生产法律法规、规程标准以及公司安全生产规章制度，或因其他因素可能导致安全事故（事件）发生的物的不安全状态、人的不安全行为、场所的不安全因素和安全管理方面的缺失等。

根据危害程度，安全隐患可分为重大隐患、较大隐患、一般隐患三个等级。

1. 重大隐患

重大隐患主要包括可能导致以下后果的安全隐患：

（1）一至三级人身事件。

（2）一至四级电网、设备事件。

（3）五级信息系统事件。

（4）水电站大坝溃决、漫坝、水淹厂房事件。

（5）较大及以上火灾事故。

（6）违反国家、行业安全生产法律法规的管理问题。

2. 较大隐患

较大隐患主要包括可能导致以下后果的安全隐患：

（1）四级人身事件。

（2）五至六级电网、设备事件。

（3）六至七级信息系统事件。

（4）一般火灾事故。

（5）其他对社会及公司造成较大影响的事件。

（6）违反省级地方性安全生产法规和公司安全生产管理规定的管理问题。

3. 一般隐患

一般隐患主要包括可能导致以下后果的安全隐患：

（1）五级及以下人身事件。

（2）七至八级电网、设备事件。

（3）八级信息系统事件。

（4）违反省公司级单位安全生产管理规定的管理问题。

上述人身、电网、设备和信息系统事件，依据《国家电网有限公司安全事故调查规程》（国家电网安监〔2020〕820 号）认定。火灾事故等级依据国家有关规定认定。

根据产生原因和导致事故（事件）类型，安全隐患可分为系统运行、设备设施、人身安全、网络安全、消防安全、水电及新能源、危险化学品、电化学储能、特种设备、通用航空、安全管理和其他等十二类。

二、职责分工

（1）安全隐患所在单位是隐患排查、治理和防控的责任主体。各级单位主要负责人对本单位安全隐患排查治理工作负全面领导责任，分管负责人对分管业务范围内的安全隐患排查治理工作负直接领导责任。

（2）各级安全生产委员会负责建立健全本单位安全隐患排查治理规章制度，组织实施安全隐患排查治理工作，协调解决安全隐患排查治理重大问题、重要事项，提供资源保障并监督治理措施落实。

（3）各级安全生产委员会办公室负责安全隐患排查治理工作的综合协调和监督管理，组织安全生产委员会成员部门制定安全隐患排查标准，对安全隐患排查治理工作进行监督检查和评价考核。

（4）各级安全生产委员会成员部门按照"管业务必须管安全"的原则，负责职责范围内安全隐患排查治理工作。各级设备（运检）、调度、建设、营销、数字化、产业、水新、后勤等部门负责本专业隐患标准编制、排查组织、评估认定、治理实施和检查验收工作；各级发展、财务、物资等部门负责隐患治理所需的项目、资金和物资等投入保障。

（5）各级从业人员负责管辖范围内安全隐患的排查、登记、报告，按照职责分工实施安全隐患防控治理。

（6）各级单位将生产经营项目或工程项目发包、场所出租的，应与承包、承租单位签订安全生产管理协议，并在协议中明确各方对安全隐患排查、治理和管控的管理职责；对承包、承租单位安全隐患排查治理进行统一协调和监督管理，定期进行检查，发现问题及时督促整改。

三、安全隐患排查标准

（1）公司总部以及省、市公司级单位应分级分类建立隐患排查标准，明确安全隐患排查内容、排查方法和判定依据，指导从业人员及时发现、准确判定安全隐患。

（2）安全隐患排查标准编制应围绕影响公司安全生产的高风险领域，依据安全生产法律法规和规章制度，结合事故（事件）暴露的典型问题，确保重点突出、内容具体、责任明确。

（3）安全隐患排查标准编制应坚持"谁主管、谁编制""分级编制、逐级审查"的原则，各级安全生产委员会办公室负责制定安全隐患排查标准编制规范，各级专业部门负责本专业排查标准编制。

1）公司总部组织编制重大、较大隐患排查标准，并对省公司级单位安全隐患排查标准进行审查。

2）省公司级单位补充完善较大、一般隐患排查标准，并对地市公司级单位安全隐患排查标准进行审查。

3）地市公司级单位补充完善一般隐患排查标准，形成覆盖各专业、各等级的安全隐患排查标准体系。

（4）各专业安全隐患排查标准编制完成后，由本单位安全生产委员会办公室负责汇总、审查，经本单位安全生产委员会审议后发布。

（5）各级专业部门应将安全隐患排查标准纳入安全培训计划，及时组织培训，指导从业人员准确理解和执行安全隐患排查内容、排查方法，提高全员安全隐患排查发现能力。

（6）安全隐患排查标准实行动态管理，各级单位应每年对排查标准的针对性、有效性组织评估，结合安全生产规章制度"立改废释"、事故（事件）暴露的问题滚动修订，每年3月底前更新发布。

四、安全隐患排查

（1）各级单位应在每年6月底前，对照安全隐患排查标准组织开展一次涵盖安全生产各领域、各专业、各层级的安全隐患全面排查。各级专业部门应加强本专业安全隐患排查工作指导，对于专业性较强、复杂程度较高的安全隐患，必要时组织专业技术人员或专家开展诊断分析。

（2）针对全面排查发现的安全隐患，隐患所在工区、班组应组织审查，依据安全隐患排查标准进行初步评估定级，利用公司安全隐患管理信息系统建立档案，形成本工区、班组安全隐患清单，并汇总上报至相关专业部门。

（3）各相关专业部门对本专业安全隐患进行专业审查，评估认定安全隐患等级，形成本专业安全隐患清单。一般隐患由县公司级单位评估认定，较大隐患由市公司级单位评估认定，重大隐患由省公司级单位评估认定。

（4）各级安全生产委员会办公室对各专业安全隐患清单进行汇总、复核，经本单位安全生产委员会审议后，报上级单位审查。

1）市公司级单位安全生产委员会审议基层单位和本级排查发现的安全隐患，一般隐患审议后反馈至隐患所在单位，较大及以上隐患报省公司级单位审查。

2）省公司级单位安全生产委员会审议地市公司级单位和本级排查发现的安全隐患，对较大隐患审议后反馈至隐患所在单位，对重大隐患报公司总部审查。

3）公司总部安全生产委员会审议省公司级单位和本级排查发现的安全隐患，对重大隐患审议后反馈至隐患所在单位。

（5）安全隐患全面排查工作结束后，各单位应结合日常巡视、季节性检查等工作，开展安全隐患常态化排查。

（6）对于国家、行业及地方政府部署开展的安全生产专项行动，各单位应在公司现行安全隐患排查标准基础上，补充相关标准条款，开展针对性排查。

（7）对于公司系统安全事故（事件）暴露的典型问题和家族性隐患，各单位应举一反三开展事故类比排查。

（8）各单位应在全面排查和逐级审查的基础上，分层分级建立本单位安全隐患清单（见表4-1），并结合日常排查、专项排查和事故类比排查滚动更新。

表4-1　　　　　　　　　　　安全隐患排查标准清单

序号	隐患等级	隐患内容	判定依据
1	重大	有型式试验要求的产品不具备有效的型式试验报告	国网（安监/4）289—2022《国家电网有限公司电力安全工器具管理规定》第三章第十八条
2	重大	高压试验设备设施不符合相关规范要求，如高压引线采用非绝缘物作为支撑；试验接地棒总长度少于1000mm，绝缘部分少于700mm；试验区域缺少遮栏或安全联锁断电装置，未配备消防器材设施；机械试验区域未配备防止飞物的防护装置	（1）GB 26861—2011《电力安全工作规程　高压试验室部分》第6.4.2.1条； （2）Q/GDW 12154—2021《电力安全工器具试验检测中心建设规范》第4.5条； （3）Q/GDW 12154—2021《电力安全工器具试验检测中心建设规范》第6.1.6条； （4）Q/GDW 12154—2021《电力安全工器具试验检测中心建设规范》第6.1.9条； （5）Q/GDW 12154—2021《电力安全工器具试验检测中心建设规范》第7.1.6条； （6）Q/GDW 10799.8—2023《国家电网公司电力安全工作规程　第8部分：配电部分》第11.2.3条
3	重大	未明确安全工器具管理职责或未落实安全工器具管理职责	国网（安监/4）289—2022《国家电网有限公司电力安全工器具管理规定》第二章第五条至第十五条
4	重大	检测机构（中心）超出资质范围出具检测报告或未取得试验资质开展试验工作	Q/GDW 12154—2021《电力安全工器具试验检测中心建设规范》第4.6.2条
5	重大	未对因安全工器具管理履责不到位、隐患排查治理不到位引发安全事故（事件）的单位和个人进行调查处理	国网（安监/4）289—2022《国家电网有限公司电力安全工器具管理规定》第七章第四十三条
6	重大	特种设备操作人员、特种作业人员未依法取得资格证书	（1）国网（安监/4）289—2022《国家电网有限公司安全教育培训工作规定》； （2）中华人民共和国主席令第四号《特种设备安全法》第五十一条
7	重大	高压试验室试验人员未穿绝缘鞋，放电时未佩戴绝缘手套或其他因未使用或未正确使用安全工器具引起人身伤害的情况	《Q/GDW 1799.8.2023 国家电网公司电力安全工作规程（配电部分）》第11.3.1.3条

续表

序号	隐患等级	隐患内容	判定依据
8	重大	使用达到报废标准的或超出检验期的安全工器具	（1）国网（安监/4）289—2022《国家电网有限公司电力安全工器具管理规定》第六章第三十五条；（2）国网（安监二）〔2023〕48号《国家电网严重违章释义》生产配电部分第十三条
9	较大	以下安全工器具未进行预防性试验检测：①规程要求进行试验的安全工器具；②新购置和自制安全工器具使用前；③检修后或关键零部件经过更换的安全工器具；④对其机械、绝缘性能发生疑问或发现缺陷的安全工器具；⑤发现质量问题的同批次安全工器具	国网（安监/4）289—2022《国家电网有限公司电力安全工器具管理规定》第四章第二十四条
10	较大	高压试验区域未用遮栏包围完整，未悬挂"止步，高压危险！"等安全警示牌	（1）Q/GDW 12154—2021《电力安全工器具试验检测中心建设规范》第6.1.9条；（2）Q/GDW 12154—2021《电力安全工器具试验检测中心建设规范》第7.1.6条
11	较大	检测机构（中心）未开展接地电阻确认，高压试验设备与试品的接地端或外壳未可靠接地	（1）GB 26861—2011《电力安全工作规程　高压试验室部分》第4.2.1条；（2）GB 26861—2011《电力安全工作规程　高压试验室部分》第6.4.1条
12	较大	作业现场存在无试验标签的安全工器具且未能提供有效试验报告	国网（安监/4）289—2022《国家电网有限公司电力安全工器具管理规定》第四章第二十六条
13	较大	人字梯无限制开度措施	Q/GDW 11957.1—2020《国家电网公司电力安全工作规程　第1部分：变电》第18.2.2条
14	较大	未对年度安全工器具使用培训情况进行督导检查	国网（安监/4）289—2022《国家电网有限公司电力安全工器具管理规定》第五章第二十八条
15	较大	安全工器具采购未纳入年度安全措施计划	国网（安监/4）289—2022《国家电网有限公司电力安全工器具管理规定》第二章第八条
16	较大	安全工器具管理的计划、采购、验收、试验、保管、使用、报废等各环节工作流程不畅通，存在梗阻问题	国网（安监/4）289—2022《国家电网有限公司电力安全工器具管理规定》第一章第三条
17	较大	安全工器具管理专业部门或使用单位未汇总、上报本专业安全工器具需求，未组织开展本专业安全工器具使用、检查、培训等管理工作	国网（安监/4）289—2022《国家电网有限公司电力安全工器具管理规定》第二章第十二条
18	较大	检测机构（中心）未制定完善检测试验现场应急预案和控制措施	Q/GDW 12154—2021《电力安全工器具试验检测中心建设规范》第9.4条
19	较大	安全工器具的采购技术标准和条款不符合国家、行业强制性标准和技术规程要求	国网（安监/4）289—2022《国家电网公司电力安全工器具管理规定》第三章第十七条
20	较大	未开展物资到货验收或到货的安全工器具数量、品类、参数型号与提报需求不一致，存在物资置换行为	国网（安监/4）289—2022《国家电网有限公司电力安全工器具管理规定》第三章第十九条

续表

序号	隐患等级	隐患内容	判定依据
21	较大	新型安全工器具使用前未经有资质的检验机构检验合格和专业部门及分管领导认定批准	国网（安监/4）289—2022《国家电网有限公司电力安全工器具管理规定》第三章第二十条
22	较大	检测机构（中心）出具的检测报告内容与原始记录不符，试验参数错误，判定依据不正确	Q/GDW 12154—2021《电力安全工器具试验检测中心建设规范》第4.6.2条
23	较大	检测机构（中心）未制定试验作业指导书或未按作业指导书开展工作；未制定检测设备操作方法或检测设备操作方法未上墙	（1）《国网浙江省电力有限公司电力安全工器具检测分中心监督评审标准》附件1—5.1.1； （2）Q/GDW 12154—2021《电力安全工器具试验检测中心建设规范》第9.4.2条
24	较大	检测机构（中心）资质评审不符合项未完成整改前，仍开展相关安全工器具检测试验工作	（1）国网（安监/4）289—2022《国家电网有限公司电力安全工器具管理规定》第二十二条； （2）浙电规〔2022〕11号《国网浙江省电力有限公司电力安全工器具检测管理规定》第十二条
25	较大	安全工器具未按要求进行预防性试验，存在试验项目缺项、试验过程与规程不符等现象	（1）Q/GDW 10799.8—2023《国家电网公司电力安全工作规程 第8部分：配电部分》第14.6.2.5条； （2）Q/GDW 12154—2021《电力安全工器具试验检测中心建设规范》第4.6.2条
26	较大	安全工器具库房未设置报废区和待检区，未配备合格的消防器材	国网（安监/4）289—2022《国家电网有限公司电力安全工器具管理规定》第三十条
27	较大	安全工器具领用情况和实际作业现场不一致或私自领用安全工器具	国网（安监/4）289—2022《国家电网公司电力安全工器具管理规定》第二十九条
28	较大	对因安全工器具管理履责不到位、隐患排查治理不到位引发安全事故（事件）的单位和个人从轻处理	国网（安监/4）289—2022《国家电网有限公司电力安全工器具管理规定》第五章第四十三条
29	较大	检测机构（中心）未按计划开展应急演练或缺少相应演练记录	Q/GDW 12154—2021《电力安全工器具试验检测中心建设规范》第9.4条
30	较大	安全工器具未按规定标准配置，不满足实际工作需要	国网（安监/4）289—2022《国家电网有限公司电力安全工器具管理规定》第五章第二十七条
31	较大	高压试验人数少于两人，试验前负责人未向全体试验人员交代安全工器具检测工作中的安全注意事项	Q/GDW 10799.8—2023《国家电网公司电力安全工作规程 第8部分：配电部分》第11.1.1条
32	较大	现场作业人员不清楚安全工器具使用要求	国网（安监/4）289—2022《国家电网有限公司电力安全工器具管理规定》第五章第二十八条
33	较大	安全带、后备绳、缓冲器、攀登自锁器等安全工器具的连接器扣体未锁好	（1）Q/GDW 11957.1—2020《国家电网有限公司电力建设安全工作规程 第1部分：变电》8.4.2.6条； （2）Q/GDW 11957.1—2020《国家电网有限公司电力建设安全工作规程 第1部分：变电》第8.4.2.2条

续表

序号	隐患等级	隐患内容	判定依据
34	较大	安全带系在移动或不牢固的物件上（如瓷横担、未经固定的转动横担、线路支柱绝缘子等）；安全带低挂高用；安全带与后备绳、速差自控器对接使用；当后备保护绳超过3m时，未使用缓冲器	Q/GDW 11957.2—2020《国家电网有限公司电力建设安全工作规程　第2部分：线路部分》第8.4.2.2条
35	一般	检测机构（中心）未配置照明、通风、现场监控等基础设施	Q/GDW 12154—2021《电力安全工器具试验检测中心建设规范》第4.5条
36	一般	高压试验缺少大气压、温湿度等环境监测设备和记录	中华人民共和国主席令　第四号《特种设备安全法》第三十八条
37	一般	检测设备缺少状态标识、设备使用记录	Q/GDW 12154—2021《电力安全工器具试验检测中心建设规范》第9.2条
38	一般	接地体的材质、规格不符合规范要求，埋设深度小于0.6m。接地线连接在金属管道和建筑物金属物体上，接地线的两端夹具不能保证接地线与身体和接地装置接触良好，拆装困难，机械强度不足	（1）Q/GDW 11957.1—2020《国家电网有限公司电力建设安全工作规程　第1部分：变电》第6.5.5条； （2）Q/GDW 10799.8—2023《国家电网公司电力安全工作规程　第8部分：配电部分》第14.5.5条
39	一般	成套接地线未有透明护套的多股软铜线，或接地线截面积不满足装设地点短路电流的要求，高压接地线的截面积小于25mm²，低压接地线和个人保安线的截面积小于16mm²	Q/GDW 10799.8—2023《国家电网公司电力安全工作规程　第8部分：配电部分》第4.4.13条
40	一般	智能安全工器具柜的存储环境不满足安全工器具存储要求	国网（安监/4）289—2022《国家电网公司电力安全工器具管理规定》第五章第三十二条
41	一般	未编制安全工器具教育培训计划	国网〔安监/4〕984—2019《国家电网有限公司安全教育培训工作规定》
42	一般	检测机构（中心）试验室体系文件不完整，包括质量控制计划、期间核查计划、设备维护清单等	（1）《国网浙江省电力有限公司电力安全工器具检测分中心监督评审标准》附件1第4.1.1条； （2）《国网浙江省电力有限公司电力安全工器具检测分中心监督评审标准》附件1第4.1.5条； （3）《国网浙江省电力有限公司电力安全工器具检测分中心监督评审标准》附件1第5.1.1条； （4）《国网浙江省电力有限公司电力安全工器具检测分中心监督评审标准》附件1第5.1.2条
43	一般	未根据实际工作需求申报安全工器具采购需求和资金计划	国网（安监/4）289—2022《国家电网公司电力安全工器具管理规定》第三章第十六条
44	一般	试验设备未校准、校准内容未覆盖试验需求，校准结果错误确认	Q/GDW 12154—2021《电力安全工器具试验检测中心建设规范》第9.2.2条
45	一般	检测报告不完整，缺少签字信息或审核、批准人为同一人	Q/GDW 12154—2021《电力安全工器具试验检测中心建设规范》第9.1条
46	一般	试验设备操作方法未固定在设备上或试验区的墙上	Q/GDW 12154—2021《电力安全工器具试验检测中心建设规范》第9.4.2条

续表

序号	隐患等级	隐患内容	判定依据
47	一般	检测机构（中心）试品保管混乱，待检试品、合格试品、不合格试品未分开放置	Q/GDW 12154—2021《电力安全工器具试验检测中心建设规范》第8.1条
48	一般	检测机构（中心）资质评审不符合项整改记录不完整或整改措施不到位	（1）国网（安监/4）289—2022《国家电网有限公司电力安全工器具管理规定》第二十二条； （2）浙电规〔2022〕11号《国网浙江省电力有限公司电力安全工器具检测管理规定》第三章第十二条
49	一般	检测样品经检测合格后未粘贴合格证，对于超出有效期或检测不合格的样品检测中心未给出报废意见	（1）Q/GDW 12154—2021《电力安全工器具试验检测中心建设规范》第4.7.1条； （2）国网（安监/4）289—2022《国家电网有限公司电力安全工器具管理规定》第四章第二十六条
50	一般	检测机构（中心）未向相关部门及时上报检测工作异常情况，未定期开展检测分析工作	浙电规〔2022〕11号《国网浙江省电力有限公司电力安全工器具检测管理规定》第六章第三十九条
51	一般	劳务分包单位使用自备的安全工器具	国网（安监二）〔2023〕48号《国家电网严重违章释义》生产配电部分第六十六条
52	一般	未隔离存放不合格或超试验周期的安全工器具，并做出禁用"标识"	国网（安监/4）289—2022《国家电网有限公司电力安全工器具管理规定》第七章第三十九条
53	一般	达到报废标准的安全工器具未及时处理或安全工器具报废情况未纳入台账管理；报废时，未去除"合格证"、电子标签等标识，未对安全工器具及可单独使用部件进行破坏性处理	（1）国网（安监/4）289—2022《国家电网有限公司电力安全工器具管理规定》第六章第三十七条； （2）国网（安监/4）289—2022《国家电网有限公司电力安全工器具管理规定》第六章第三十八条
54	一般	使用保管单位安全工器具账、卡、物不一致，未统一编号管理或编号和实际不一致	国网（安监/4）289—2022《国家电网有限公司电力安全工器具管理规定》第五章第二十八条
55	一般	安全工器具报废流程不规范，未经相关部门审核确认履行审批手续即交由物资部门进行处置	国网（安监/4）289—2022《国家电网有限公司电力安全工器具管理规定》第六章第三十六条
56	一般	安全工器具台账未纳入系统统一管控，存在线上线下"两本账"	国网（安监/4）289—2022《国家电网有限公司电力安全工器具管理规定》第六章第三十八条
57	一般	公用安全工器具未明确专人负责管理、维护和保养	国网（安监/4）289—2022《国家电网公司电力安全工器具管理规定》第五章第三十一条
58	一般	安全工器具领用和归还不规范，未严格履行交接和登记手续，相关记录不完整	国网（安监/4）289—2022《国家电网有限公司电力安全工器具管理规定》第五章第二十九条
59	一般	安全工器具与其他物资材料、设备设施混放，未与油、酸、碱或其他腐蚀性物品分别放置	国网（安监/4）289—2022《国家电网有限公司电力安全工器具管理规定》第五章第三十条
60	一般	安全工器具未根据产品要求存放于合适的温度、湿度及通风条件处	国网（安监/4）289—2022《国家电网有限公司电力安全工器具管理规定》第五章第二十八条

续表

序号	隐患等级	隐患内容	判定依据
61	一般	安全工器具未按时送检	国网（安监/4）289—2022《国家电网有限公司电力安全工器具管理规定》第四章第二十五条
62	一般	未组织开展安全工器具监督检查考核	国网（安监/4）289—2022《国家电网有限公司电力安全工器具管理规定》第二章第十一条
63	一般	责任单位、班组未及时整改各类检查发现的安全工器具管理存在的问题	国网（安监/4）289—2022《国家电网有限公司电力安全工器具管理规定》第七章第四十条
64	一般	未对安全工器具管理存在的问题进行分析通报或未对安全工器具管理进行综合评价	国网（安监/4）289—2022《国家电网有限公司电力安全工器具管理规定》第七章第四十一条
65	一般	力学重型机械试验检测样品搬运时未穿防砸鞋造成身体受伤、搬运复合材料检测样品时未戴防护手套等	Q/GDW 10799.8—2023《国家电网公司电力安全工作规程　第8部分：配电部分》第3.3.12.5条
66	一般	接地线未使用专用的线夹固定在导体上，使用缠绕的方法接地或短路；使用其他导线接地或短路	Q/GDW 10799.8—2023《国家电网公司电力安全工作规程　第8部分：配电部分》第4.4.13条
67	一般	安全工器具管理人员未定期开展安全工器具维护和保养工作	国网（安监/4）289—2022《国家电网有限公司电力安全工器具管理规定》第五章第三十一条
68	一般	个人保安接地线代替工作接地线使用	Q/GDW 11957.1—2020《国家电网有限公司电力建设安全工作规程　第1部分：变电》第8.4.3.2条
69	一般	使用绝缘操作杆、验电器和测量杆时，作业人员的手越过护环或手持部分的界限	Q/GDW 1799.2—2013《国家电网公司电力安全工作规程　第2部分：线路部分》第14.4.2.2条
70	一般	在城区、人口密集区地段或交通道口和通行道路上施工时，工作场所周围未装设遮栏（围栏）和标示牌，变电站内运行和带电部分未做好隔离措施	Q/GDW 1799.2—2013《国家电网公司电力安全工作规程　第2部分：线路部分》第6.6.3条

五、安全隐患治理

（1）安全隐患一经确定，隐患所在单位应立即采取防止隐患发展的安全管控措施，并根据安全隐患具体情况和紧急程度，制订治理计划，明确治理单位、责任人和完成时限，做到责任、措施、资金、期限和应急预案"五落实"。

（2）各级专业部门负责组织制定本专业安全隐患治理方案或措施，重大隐患由省公司级单位制定治理方案，较大隐患由市公司级单位制定治理方案或治理措施，一般隐患由县公司级单位制定治理措施。

（3）各级安全生产委员会应及时协调解决安全隐患治理有关事项，对需要多专业协同治理的明确责任分工、措施和资金，对于需要地方政府协调解决的及时报告政府有关部门，对于超出本单位治理能力的及时报送上级单位协调解决。

（4）各级单位应将安全隐患治理所需项目、资金作为项目储备的重要依据，纳入综合计划和预算优先安排。公司总部及省、市公司级单位应建立安全隐患治理绿色通道，对计划和预算外急需实施治理的隐患，及时调剂和保障所需资金和物资。

（5）安全隐患所在单位应结合电网规划、电网建设、技改大修、检修运维、规章制度"立改废释"等及时开展隐患治理，各专业部门应加强专业指导和督导检查。

（6）对于重大隐患治理完成前或治理过程中无法保证安全的，应从危险区域内撤出相关人员，设置警戒标志，暂时停工停产或停止使用相关设备设施，并及时向政府有关部门报告；治理完成并验收合格后方可恢复生产和使用。

（7）对于因自然灾害可能引发事故灾难的安全隐患，所属单位应当按照有关规定进行排查治理，采取可靠的预防措施，制定应急预案。在接到有关自然灾害预报时，应当及时发出预警通知；发生自然灾害可能危及人员安全的情况时，应当采取停止作业、撤离人员、加强监测等安全措施。

（8）各级安全生产委员会办公室应开展安全隐患治理挂牌督办，公司总部挂牌督办重大隐患，省公司级单位挂牌督办较大隐患，市公司级单位挂牌督办治理难度大、周期长的一般隐患。

（9）安全隐患治理完成后，治理单位在自验合格的基础上提出验收申请，相关专业部门应在申请提出后一周内完成验收，验收合格予以销号，不合格重新组织治理。

1）重大隐患治理结果由省公司级单位组织验收，结果向国网安全生产委员会办公室和相关专业部门报告。

2）较大隐患治理结果由地市公司级单位组织验收，结果向省公司安全生产委员会办公室和相关专业部门报告。

3）一般隐患治理结果由县公司级单位组织验收，结果向地市公司级安全生产委员会办公室和相关专业部门报告。

4）涉及国家、行业监管部门、地方政府挂牌督办的重大隐患，治理结束后应及时将有关情况报告相关政府部门。

（10）各级安全生产委员会办公室应组织相关专业部门定期向安全生产委员会汇报安全隐患排查治理情况，对于共性问题和突出隐患，深入分析隐患成因，从管理和技术上制定源头防范措施。

（11）各级单位应统一使用公司安全隐患管理信息系统，实现隐患排查治理全过程记录和"一患一档"管理。重大隐患相关文件资料应及时移交本单位档案管理部门归档。

安全隐患排查治理档案应包括以下信息：隐患简题、隐患内容、隐患编号、隐患所在单位、专业分类、归属部门、评估定级、治理期限、资金落实、治理完成情况等。隐患排查治理过程中形成的会议纪要、治理方案、验收报告等应归入安全隐患排查治理档案，具体见表4-2。

表 4-2　　　　　　　　　安全隐患排查治理档案表

排查	隐患简题	专业部门、队部填写			隐患来源	专业部门、队部填写
	隐患编号		隐患所在单位	专业部门、队部填写	专业分类	专业部门、队部填写
	隐患发现人	专业部门、队部填写	发现人单位	专业部门、队部填写	发现日期	专业部门、队部填写
	隐患内容及原因	专业部门、队部填写				
评估	评估等级		各单位评估负责人签名		日期	
治理	治理责任单位	专业部门、队部填写	治理期限	专业部门、队部填写		
	安全第一责任人	专业部门、队部填写	联系电话	专业部门、队部填写		
	整改负责人	专业部门、队部填写	联系电话	专业部门、队部填写		
	治理计划（防控、整改措施和应急预案）	专业部门、队部填写				
	治理完成情况	专业部门、队部填写				
验收	验收申请单位	专业部门、队部填写	负责人	专业部门、队部填写	日期	专业部门、队部填写
	验收组织单位					
	验收意见和结论					
	验收组长		日期			

（12）各级单位应将安全隐患排查治理情况如实记录，并通过职工大会或者职工代表大会、信息公示栏等方式向从业人员通报。各单位应在月度安全例会上通报本单位安全隐患排查治理情况，各班组应在安全日活动上通报本班组安全隐患排查治理情况。

（13）各级单位应建立安全隐患季度分析、年度总结制度，各级专业部门应定期向本级安全生产委员会办公室报送专业安全隐患排查治理工作，省公司级安全生产委员会办公室在 7 月 15 日前向公司总部报送上半年工作总结，次年 1 月 10 日前通过公文报送上年度工作总结。

（14）各级安全生产委员会办公室按规定向国家能源局及其派出机构、地方政府有关部门报告安全隐患统计信息和工作总结。各级单位应加强内部沟通，确保报送数据的准确性和一致性。

六、重大隐患管理

（1）重大隐患应执行即时报告制度，各单位评估为重大隐患的，应于 2 个工作日内报总部相关专业部门及安全生产委员会办公室，并向所在地区政府安全监管部门和电力安全监管机构报告。

重大隐患报告内容应包括隐患的现状及其产生原因；隐患的危害程度和整改难易程度分析；隐患治理方案。

（2）重大隐患应制定治理方案。重大隐患治理方案应包括治理目标和任务；采取方法和措施；经费和物资落实；负责治理的机构和人员；治理时限和要求；防止隐患进一步发展的安全措施和应急预案等。

（3）重大隐患治理应执行"两单一表"（签发督办单、制定管控表、上报反馈单）制度，实现闭环监管。

1）签发安全督办单。国网安全生产委员会办公室获知或直接发现所属单位存在重大隐患的，由安全生产委员会办公室主任或副主任签发"安全督办单"，对省公司级单位整改工作进行全程督导。

2）制定过程管控表。省公司级单位在接到督办单15日内，编制"安全整改过程管控表"，明确整改措施、责任单位（部门）和计划节点，由安全生产委员会主任签字、盖章后报国网安全生产委员会办公室备案，国网安全生产委员会办公室按照计划节点进行督导。

3）上报整改反馈单。省公司级单位完成整改后 5 日内，填写"安全整改反馈单"，并附佐证材料，由安全生产委员会主任签字、盖章后报国网安全生产委员会办公室备案。

（4）各级单位重大隐患排查治理情况应及时向政府负有安全生产监督管理职责的部门和本单位职工大会或职工代表大会报告。

七、监督考核

（1）各级单位应建立安全隐患排查治理工作评价机制，对所属单位安全隐患标准针对性、排查全面性、立项及时性、治理有效性进行评价，定期发布通报，结果纳入安全工作考核。

（2）各级单位应综合利用安全生产巡查、专家抽查、现场实地检查和远程视频督查等手段，对所属单位安全隐患排查开展情况进行监督检查。

1）对安全隐患排查不细致、防控不到位、整改不及时以及瞒报重大隐患的单位给予通报，必要时开展安全警示约谈。

2）对已列入安全隐患排查标准但未有效发现安全隐患的，对重大、较大隐患分别按照五级、七级安全事件对相关责任单位进行惩处，对重复发生的提级惩处。

3）对因安全隐患排查治理不到位导致安全事故（事件）发生的，要全面倒查安全隐患排查治理各环节责任落实情况，严肃追究相关单位及人员责任。

（3）各级单位应建立安全隐患排查治理激励机制，对在安全隐患排查治理工作中作出突出贡献的个人、单位给予通报表扬或奖励，相关费用从各单位安全生产专项奖中列支，各级安全生产委员会办公室组织对所属单位奖励事项进行审查。

1）及时排查发现安全隐患排查标准之外的安全隐患。

2）及时完成重大隐患治理，有效避免事故发生。

3）及时排查治理典型性、家族性隐患，或安全隐患排查治理技术方法取得创新突破得到上级认可推广。

4）及时排查发现常规方法（手段）不易发现的隐蔽性安全隐患。

八、隐患排查治理案例

【案例一】2019 年 5 月 2 日，某检测中心新建场地。安全负责人谭某发现新建现场内未配置消防器材，检测人员未佩戴安全帽。

1. 隐患分析

（1）未使用个人劳动防护用品（戴安全帽）。

（2）检测现场未配置消防器材。

2. 原因分析

（1）该起违章事件属于行为性违章，暴露出某检测中心检测人员对《安规》内容学习不深，安全意识淡薄，特别是自我保护意识不强。

（2）检测班组对消防管理意识淡薄，未按要求使用消防器材，导致此次事件的发生。

3. 整改措施

（1）安全稽查人员立即对检测人员进行现场安全教育，监督其正确使用安全防护用品。

（2）及时放置消防器材，做好火灾预防工作。

【案例二】2019 年 5 月 17 日，某检测中心检测大楼电气试验室现场，现场一名电气检测人员佩戴的辅助型绝缘手套超检测有效周期（检测周期为 2019 年 8 月 15 至 2020 年 2 月 16 日）。

整改措施、对策：

（1）暂停检测工作，检查现场所有试验室配备的安全防护用品是否超检测周期，过期的辅助型绝缘手套全部重新检测合格后，方可继续检测工作。

（2）对工作负责人李某进行安全防护用品知识的重新宣贯学习。

（3）要求队部及班组举一反三，加强组织反违章自查，发现问题及时整改，预防此类事件的再次发生。

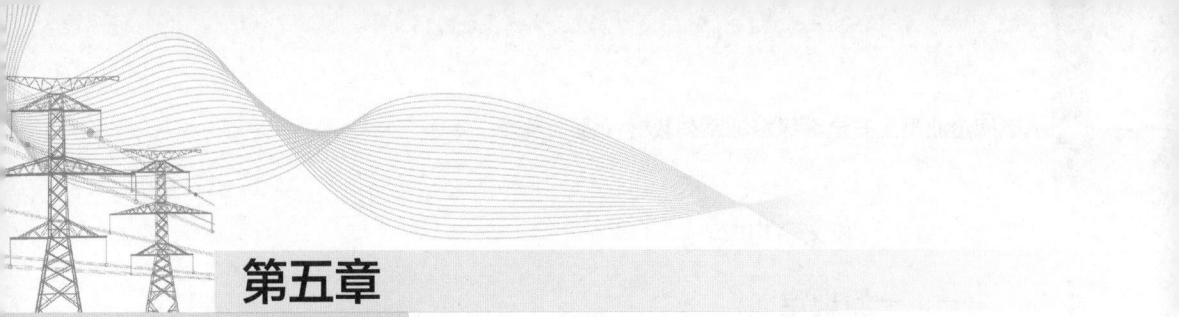

第五章

检测现场的安全设施

　　安全设施是指在检测现场将危险因素、有害因素控制在安全范围内，以及预防、减少、消除危害所设置的安全标志、设备标志、安全警示线、安全防护设施等的统称。检测活动所涉及的场所、设备（设施）等特定区域以及其他有必要提醒人们注意危险有害因素的地点，应配置标准化的安全设施。

　　安全设施的配置要求：

　　（1）高压试验试区周围应设置遮栏，遮栏上悬挂适当数量的"止步，高压危险！"标示牌。标示牌的标示应朝向遮栏的外侧。

　　（2）必要时，通往试区的安全遮栏门与试验电源应有联锁装置，当通往试区的遮栏门打开时，试验电源应无法接通，并发出报警信号。

　　（3）在户外试验场进行试验时，除设置必要的遮栏、安全警示牌和安全信号灯外，应派专人监视，以防人员闯入试区。

　　（4）屏蔽遮栏宜由金属制成，可靠接地，其高度不低于 2m。

　　（5）在同一试验室内同时进行不同的高压试验时，各试区间应按各自的安全距离用遮栏隔开，同时设置明显的标示牌，留有安全通道。

　　（6）户外试验场可根据试验需要，设置符合安全要求的固定观测点。

　　（7）安全设施设置后，不应构成对人身安全、设备安全的潜在风险或妨碍正常工作。

　　（8）为确保高压试验的安全性，安全距离不应小于 1.5 倍的最小间隙距离。

　　（9）机械性能试验时应有安全防护装置，防止试验中受力试样伤人。

第一节　安　全　标　志

　　安全标志是指用来表达特定安全信息的标志，由图形符号、安全色、几何形状（边框）和文字构成。

一、一般规定

（1）安全标志包括禁止标志、警告标志、指令标志、提示标志四种基本类型和消防标志等特定类型。

（2）安全标志一般使用相应的通用图形标志和文字辅助标志的组合标志。

（3）安全标志一般采用标志牌的形式，宜使用衬边，以使安全标志与周围环境之间形成较为强烈的对比。

（4）安全标志所用的颜色、图形符号、几何形状、文字，标志牌的材质、表面质量、衬边及型号选用、设置高度、使用要求应符合 GB 2894《安全标志及其使用导则》的规定。

（5）安全标志牌应设在与安全有关场所的醒目位置，便于进入试区的人员看到，并有足够的时间来注意它所表达的内容。

（6）安全标志牌不宜设在可移动的物体上，以免标志牌随母体物体相应移动，影响认读。标志牌前不得放置妨碍认读的障碍物。

（7）多个标志在一起设置时，应按照警告、禁止、指令、提示类型的顺序，先左后右、先上后下地排列，且应避免出现相互矛盾、重复的现象。也可以根据实际，使用多重标志。

（8）安全标志牌应定期检查，如发现破损、变形、褪色等不符合要求的情况时，应及时修整或更换。修整或更换时，应有临时的标志替换，以避免发生意外伤害。

（9）试区应根据适用场所情况，在醒目位置按配置规范设置相应的安全标志牌。如"止步，高压危险！""未经许可不得入内""禁止吸烟""必须戴安全帽"等。

（10）收样、发样及试区出入口，应根据具体情况，在醒目位置按配置规范设置相应的安全标志牌。如"未经许可不得入内""禁止吸烟"等，并应设立限宽、限高的标识（装置）。

二、禁止标志及设置规范

禁止标志是指禁止或制止人们不安全行为的图形标志。常用禁止标志名称、图形标志示例及设置规范见表 5-1。

表 5-1　　　　　常用禁止标志名称、图形标志示例及设置规范

序号	名称	图形标志示例	设置范围和地点
1	禁止吸烟	禁止吸烟	收样区、发样区、留样区、档案室、设备间、制样区、试验工作场所等处
2	禁止烟火	禁止烟火	收样区、发样区、留样区、档案室、设备间、制样区、试验工作场所等处
3	禁止用水灭火	禁止用水灭火	试验工作场所
4	禁止跨越	禁止跨越	安全遮栏、围栏等处
5	禁止停留	禁止停留	对人员有直接危害的场所，如高处作业现场、吊装作业现场等处
6	未经许可不得入内	未经许可 不得入内	易造成事故或对人员有伤害的场所及不允许外来人员随意进入的入口处，如试验室入口、收（发）样区入口等处
7	禁止堆放	禁止堆放	消防器材存放处、消防通道、逃生通道等处

续表

序号	名称	图形标志示例	设置范围和地点
8	禁止合闸 有人工作	禁止合闸 有人工作	一经合闸即可送电到施工设备的断路器和隔离开关操作把手上等处
9	禁止合闸 线路有人工作	禁止合闸 线路有人工作	线路断路器和隔离开关把手上
10	禁止分闸	禁止分闸	接地开关与检修设备之间的断路器操作把手上

三、警告标志及设置规范

警告标志是指提醒人们对周围环境引起注意，以避免可能发生危险的图形标志。常用警告标志名称、图形标志示例及设置规范见表 5-2。

表 5-2　　　常用警告标志名称、图形标志示例及设置规范

序号	名称	图形标志示例	设置范围和地点
1	注意安全	注意安全	易造成人员伤害的场所及设备等处
2	注意通风	注意通风	SF_6 装置检测室、电缆制样室入口等处

续表

序号	名称	图形标志示例	设置范围和地点
3	当心火灾	当心火灾	易发生火灾的危险场所，如电气试验室
4	当心触电	当心触电	设置在有可能发生触电危险的电气设备和线路，如配电装置室、断路器等处
5	当心吊物	当心吊物	有吊装设备作业的场所，如变压器、箱式变电站吊卸处
6	当心坠落	当心坠落	易发生坠落事故的作业地点，如脚手架、高处平台等试验场所
7	当心落物	当心落物	易发生落物危险的地点，如高处作业、立体交叉作业的下方等处
8	止步　高压危险	止步　高压危险	带电设备固定遮栏上、室外带电设备构架上、高压试验地点安全围栏上、因高压危险禁止通行的道过上、工作地点临近室外带电设备的安全围栏上、工作地点临近带电设备的横梁上等处

四、指令标志及设置规范

指令标志是指强制人们必须做出某种动作或采用防范措施的图形标志。常用指令标志名称、图形标志示例及设置规范见表 5-3。

表 5-3 常用指令标志名称、图形标志示例及设置规范

序号	名称	图形标志示例	设置范围和地点
1	必须戴安全帽	必须戴安全帽	设置在机械试验现场
2	必须戴防护手套	必须戴防护手套	设置在易伤害手部的作业场所,如线缆手工制样、热延伸及老化试验场所
3	必须穿防护鞋	必须穿防护鞋	设置在易伤害脚部的作业场所,如其触电、砸(刺)伤等危险的作业地点
4	必须系安全带	必须系安全带	易发生坠落危险的作业场所,如脚手架、高处平台等试验场所

五、提示标志及设置规范

提示标志是指向人们提供某种信息(如标明安全设施或场所等)的图形标志。常用提示标志名称、图形标志示例及设置规范见表 5-4。

表 5-4　　　常用提示标志名称、图形标志示例及设置规范

序号	名称	图形标志示例	设置范围和地点
1	在此工作		设置在工作地点或检修设备上
2	从此上下		设置在工作人员可以上下的铁（构）架、爬梯上
3	从此进出		设置在工作地点遮栏的出入口处
4	紧急洗眼水		悬挂在从事酸、碱工作的蓄电池室、化验室等洗眼水喷头旁
5	安全距离		根据不同电压等级标示出人体与带电体最小安全距离。设置在设备区入口处

六、消防安全标志及设置规范

消防安全标志是指用来表达与消防有关的安全信息，由安全色、边框、以图像为主要特征的图形符号或文字构成的标志。

在试验场所或试验室以及收样、发样区应合理配置灭火器等消防器材，在火灾易发生部位设置火灾探测和自动报警装置。

各场所应有逃生路线的标示，楼梯主要通道门上方或左（右）侧装设紧急撤离提示标志。

常用消防安全标志名称、图形标志示例及设置规范见表 5-5。

表 5-5　　　　常用消防安全标志名称、图形标志示例及设置规范

序号	名称	图形标志示例	设置范围和地点
1	消防手动启动器		依据现场环境，设置在适宜、醒目的位置
2	火警电话		依据现场环境，设置在适宜、醒目的位置
3	消火栓箱		设置在试验场所构筑物内的消火栓处
4	地上消火栓		固定在距离消火栓 1m 的范围内，不得影响消火栓的使用
5	地下消火栓		固定在距离消火栓 1m 的范围内，不得影响消火栓的使用
6	灭火器		悬挂在灭火器、灭火器箱的上方或存放灭火器、灭火器箱的通道上。泡沫灭火器器身上应标注"不适用于电火"字样
7	消防水带		指示消防水带、软管卷盘或消防栓箱的位置

续表

序号	名称	图形标志示例	设置范围和地点
8	灭火设备或报警装置的方向		指示灭火设备或报警装置的方向
9	疏散通道方向		指示到紧急出口的方向
10	紧急出口		便于安全疏散的紧急出口处，与方向箭头结合设在通向紧急出口的通道、楼梯口等处

七、道路交通标志及设置规范

道路交通标志是用以管制及引导交通的一种安全管理设施，是用文字和符号传递引导、限制、警告或指示信息的道路设施。

限制高度标志表示禁止装载高度超过标志所示数值的车辆通行。

限制速度标志表示该标志至前方解除限制速度标志的路段内，机动车行驶速度（单位为 km/h）不准超过标志所示数值。

变电站道路交通标志名称、图形标志示例及设置规范见表 5-6。

表 5-6　　变电站道路交通标志名称、图形标志示例及设置规范

序号	名称	图形标志示例	设置范围和地点
1	限制高度标志		收样、发样区、试验区入口处等最大容许高度受限制地方

续表

序号	名称	图形标志示例	设置范围和地点
2	限制宽度标志		收样、发样区、试验区入口处等最大容许宽度受限制地方

第二节 设 备 标 志

设备标志分为设备管理标志和状态标志。设备管理标志是指用来标明设备名称、编号等特定信息的标志，由设备名称、设备编号、设备型号及适用范围等文字组成。状态标志可使设备使用人方便地识别校准状态及有效期。设备标志应清晰、无伤残破损，粘贴牢固。功能、用途、名称完全相同的设备，其设备编号应具有唯一性。

一般规定如下：

（1）设备标志应尽可能粘贴在设备本体上。

（2）设备编号必须具有唯一性、规律性。

（3）所有需要校准或具有规定有效期的设备应使用标签、编码或以其他方式标识，使设备使用人能方便地识别校准状态或有效期。

（4）如果设备有过负荷或处置不当、给出可疑结果、已显示有缺陷或超出规定要求等情况时，应停止使用。这些设备应予以隔离以防误用，或加贴标签/标记以清晰表明该设备已停用。

（5）各试验室入口处醒目位置均应配置房间标志牌。

（6）接地标志应分别固定在设备本身接地点及固定的接地桩（带）上。

设备标志名称、图形标志示例及设置规范见表5-7。

表5-7　　　　　设备标志名称、图形标志示例及设置规范

序号	名称	图形标志示例	设置范围和地点
1	设备管理标志	设备名称：××拉力试验机 设备编号：JCXX 设备型号：WL-50kN 使用范围：（5～50）kN	粘贴于设备本体易见位置

序号	名称	图形标志示例	设置范围和地点
2	状态标志	**合格 QUALFIED** 设备名称： 设备编号： 使用人： 检查日期： 有效期： 检定单位： **准用 QUAST** 设备名称： 设备编号： 责任人： 检定单位： 准用日期： **停用 STOP** 设备名称： 设备编号： 责任人： 检定单位： 停用日期：	粘贴于设备本体易见位置
3	明敷接地体	100mm	全部设备的接地装置（外露部分）应涂宽度相等的黄绿相间条纹，间距以 100～150mm 为宜
4	地线接地端 （临时接地线）	接地端	固定于设备压接型地线的接地端

第三节　安 全 警 示 线

一般规定如下：

（1）安全警示线用于界定和分割危险区域，向人们传递某种注意或警告的信息，以避免人身伤害。安全警示线包括禁止阻塞线、减速提示线、安全警戒线、防止碰头线、防止绊跤线、防止踏空线和生产通道边缘警戒线等。

（2）安全警示线一般采用黄色或与对比色（黑色）同时使用。安全警示线名称、图形标志示例及设置规范见表5-8。

表5-8 安全警示线名称、图形标志示例及设置规范

序号	名称	图形标志示例	设置范围和地点
1	禁止阻塞线		（1）标注在地下设施入口盖板上。 （2）标注在主控制室、继电器室门内外，消防器材存放处，防火重点部位进出通道。 （3）标注在通道旁边的配电柜前（800mm）。 （4）标注在其他禁止阻塞的物体前
2	减速提示线		标注在变电站站内道路的弯道、交叉路口和变电站进站入口等限速区域的入口处
3	安全警戒线		（1）设置在控制屏（台）、保护屏、配电屏和高压开关柜等设备周围。 （2）安全警戒线至屏面的距离宜为300~800mm，可根据实际情况进行调整
4	防止碰头线		标注在人行通道高度小于1.8m的障碍物上
5	防止绊跤线		（1）标注在人行横道地面上高差300mm以上的管线或其他障碍物上。 （2）采用45°间隔斜线（黄/黑）排列进行标注
6	防止踏空线		（1）标注在上下楼梯第一级台阶上。 （2）标注在人行通道高差300mm以上的边缘处

续表

序号	名称	图形标志示例	设置范围和地点
7	生产通道边缘警戒线	设备区 / 生产通道 / 设备区	（1）标注在试验通道两侧。 （2）为保证夜间可见性，宜采用道路反光漆或强力荧光油漆进行涂刷

第四节　安全防护设施

安全防护设施是指为防止外因引发的人身伤害、设备损坏而配置的防护装置和用具。

一般规定如下：

（1）安全防护设施用于防止外因引发的人身伤害，包括安全帽、安全工器具柜（室）、安全工器具试验合格证标志牌、固定防护遮栏、区域隔离遮栏、临时遮栏（围栏）、红布幔、孔洞盖板、爬梯遮栏门、防小动物挡板、防误闭锁解锁钥匙箱等设施和用具。

（2）试验人员进入试验现场，应根据作业环境中所存在的危险因素，穿戴或使用必要的防护用品。

安全防护设施名称、图形标志示例及配置规范见表5-9。

表5-9　　安全防护设施名称、图形标志示例及配置规范

序号	名称	图形标志示例	配置规范
1	安全帽	正面 / 背面	（1）安全帽用于作业人员头部防护。任何人进入生产现场（办公室、主控制室、值班室和检修班组室除外），应正确佩戴安全帽。 （2）安全帽应符合GB 2811—2019《头部防护　安全帽》的规定。 （3）安全帽前面有国家电网有限公司标志，后面为单位名称及编号，并按编号定置存放。 （4）安全帽实行分色管理。红色安全帽为管理人员使用，黄色安全帽为运维人员使用，蓝色安全帽为检修（施工、试验等）人员使用，白色安全帽为外来参观人员使用

续表

序号	名称	图形标志示例	配置规范
2	安全工器具柜（室）		（1）变电站应配备足量的专用安全工器具柜。 （2）安全工器具柜应满足国家、行业标准及产品说明书关于保管和存放要求。 （3）安全工器具室（柜）宜具有温度、湿度监控功能，满足温度为−15～＋35℃、相对湿度为80%以下，保持干燥通风的基本要求
3	安全工器具试验合格证标志牌	**安全工器具试验合格证** 名称_____ 编号_____ 试验日期_____年___月___日 下次试验日期_____年___月___日	（1）安全工器具试验合格证标志牌贴在经试验合格的安全工器具醒目处。 （2）安全工器具试验合格证标志牌可采用粘贴力强的不干胶制作，规格为50mm×25mm
4	固定防护遮栏		（1）固定防护遮栏适用于落地安装的高压设备周围及生产现场平台、人行通道、升降口、大小坑洞、楼梯等有坠落危险的场所。 （2）用于设备周围的遮栏高度不低于1700mm，设置供工作人员出入的门并上锁；防坠落遮栏高度不低于1050mm，并装设不低于100mm的护板。 （3）固定遮栏上应悬挂安全标志，位置根据实际情况而定。 （4）固定遮栏及防护栏杆、斜梯应符合规定，其强度和间隙满足防护要求。 （5）检修期间需将栏杆拆除时，应装设临时遮栏，并在检修工作结束后将栏杆立即恢复
5	区域隔离遮栏		（1）区域隔离遮栏适用于设备区与生活区的隔离、设备区间的隔离、改（扩）建施工现场与运行区域的隔离，也可装设在人员活动密集场所周围

序号	名称	图形标志示例	配置规范
5	区域隔离遮栏		（2）区域隔离遮栏应采用不锈钢或塑钢等材料制作，高度不低于 1050mm，其强度和间隙满足防护要求
6	临时遮栏（围栏）		（1）临时遮栏（围栏）适用于下列场所： 1）有可能高处落物的场所； 2）检修、试验工作现场与运行设备的隔离； 3）检修、试验工作现场规范工作人员活动范围； 4）检修现场安全通道； 5）检修现场临时起吊场地； 6）防止其他人员靠近的高压试验场所； 7）安全通道或沿平台等边缘部位，因检修拆除常设栏杆的场所； 8）事故现场保护； 9）需临时打开的平台、地沟、孔洞盖板周围等。 （2）临时遮栏（围栏）应采用满足安全、防护要求的材料制作。有绝缘要求的临时遮栏应采用干燥木材、橡胶或其他坚韧绝缘材料制成。 （3）临时遮栏（围栏）的高度为 1050～1200mm，防坠落遮栏应在下部装设不低于 180mm 高的挡脚板。 （4）临时遮栏(围栏)强度和间隙应满足防护要求，装设应牢固可靠。 （5）临时遮栏（围栏）应悬挂安全标志，位置根据实际情况而定
7	红布幔		（1）红布幔适用于在变电站二次系统上进行工作时，将检修设备与运行设备前后以明显的标志隔开。 （2）红布幔的尺寸一般为 2400mm×800mm、1200mm×800mm、650mm×120mm，也可根据现场实际情况制作。 （3）红布幔上印有运行设备字样，白色黑体字，布幔上下或左右两端设有绝缘隔离的磁铁或挂钩
8	防小动物挡板		（1）在各配电装置室、电缆室、通信室、蓄电池室、主控制室和继电器室等出入口处，应装设防小动物挡板，以防止小动物进入导致短路故障引发的电气事故。 （2）防小动物挡板宜采用不锈钢、铝合金等不易生锈、变形的材料制作，高度应不低于 400mm，其上部应设有 45°黑黄相间色斜条防止绊跤线标志，标志线宽宜为 50～100mm

第六章

典型违章与事故案例分析

第一节 典型违章举例

根据国网安监部关于优化调整严重违章查治工作的通知，2024 年 8 月 19 日起施行优化调整严重违章认定标准，将造成历年人身事故最多的"无计划作业""作业人员不清楚工作任务、工作范围、危险点""超出作业范围未经审批""作业点未在接地保护范围""高处作业失去保护"等"五大恶因"违章和其他存在直接造成人身事故风险的违章，以及违反"十不干"和各专业安全管理红线禁令的违章认定为严重违章（见表 6-1）。本次优化调整后，严重违章由 237 项（Ⅰ 类 30 项、Ⅱ 类 64 项、Ⅲ 类 143 项）精减到 35 项，不再区分 Ⅰ 至 Ⅲ 类。原严重违章条款在本次调整中未保留为严重违章的，按照一般违章管理。各单位要严格执行公司统一发布的严重违章认定标准，不得扩大严重违章范围或另行制定"红线违章""恶性违章"等认定标准。

表 6-1 严重违章及释义

序号	严重违章条款	严重违章释义
1	无计划作业	（1）安全风险管控监督平台无日作业计划（含临时计划、抢修计划）。 （2）安全风险管控监督平台中日计划未开工，现场已开展作业；现场作业过程中，计划状态为取消、完工等状态
2	作业人员不清楚工作任务、工作范围、危险点	（1）工作负责人（作业负责人）不了解现场所有的工作内容，不掌握危险点及安全防控措施。 （2）专责监护人不掌握监护范围内的工作内容、危险点及安全防控措施。 （3）作业人员不熟悉本人参与的工作内容，不掌握危险点及安全防控措施
3	超出作业范围未经审批	（1）在原工作票的停电及安全措施范围内增加工作任务时，未征得工作票签发人和工作许可人同意，未在工作票上增填工作项目。 （2）原工作票增加工作任务需变更或增设安全措施时，未重新办理新的工作票，并履行签发、许可手续

续表

序号	严重违章条款	严重违章释义
4	作业点未在接地保护范围	（1）装设接地线（接地开关）前未验电。 （2）停电工作的设备或地段，可能来电（包括反送电）的各方未在正确位置装设接地线（接地开关）。 （3）作业人员擅自移动、拆除接地线（接地开关）。 （4）配合停电的线路未在交叉跨越或邻近线路处附近装设接地线。 （5）在平行或邻近带电设备、交叉跨越或同杆架设等易产生感应电压的地点工作，未加装工作接地线或个人保安线。 （6）耐张塔挂线前，未使用导体将耐张绝缘子串短接。 （7）放线区段有跨越、平行带电线路时，牵引机及张力机出线端的导（地）线及牵引绳上未安装接地滑车
5	高处作业失去保护	（1）高处作业人员在上下、转移作业位置时，失去安全保护。 （2）高处作业未搭设脚手架，未使用高空作业车、升降平台或采取其他防止坠落的措施。 （3）在深基坑口、坝顶、陡坡、屋顶、悬崖、杆塔、吊桥以及其他危险的边沿进行工作，临空一面未装设安全网或防护栏杆，或作业人员未使用安全带
6	无票作业	（1）未按照《安规》规定使用工作票（施工作业票）、操作票、事故紧急抢修单、作业申请单。 （2）未根据值班调控人员或运维负责人正式发布的指令进行倒闸操作。 （3）在油罐区、注油设备、电缆间、计算机房、换流站阀厅等防火重点部位（场所）以及政府部门、本单位划定的禁止明火区动火作业时，未使用动火票。 （4）未针对跨越架搭设拆除、跨越封网等作业办理被跨越电力线路的第一种工作票（停电情况），或第二种工作票（不停电情况）跨越未办理工作票
7	票面（包括作业票、工作票及分票、动火票、操作票等）关键内容缺失或错误	（1）操作票操作设备双重名称，拉合断路器、隔离开关的顺序以及位置检查、验电、装拆接地线（拉合接地开关）、投退保护连接片（软压板）等关键内容遗漏或错误。 （2）工作票（含分票、工作任务单、动火票等）票面缺少工作许可人、工作负责人、工作票签发人、工作班成员（含新增人员）等签字信息。票面线路名称（含同杆多回线路双重称号）、设备双重名称填写错误。票面防触电、防高坠、防倒（断）杆、防窒息等重要安全技术措施遗漏或错误。工作票延期、工作负责人变更等未在票面上准确记录。作业票缺少审核人、签发人、作业人员（含新增人员）等签字信息。 （3）操作票发令、操作开始、操作结束时间以及工作票（含分票、工作任务单、动火票、作业票等）签发、许可、计划开工、结束时间存在逻辑错误或与实际不符
8	工作负责人（作业负责人、专责监护人）不在现场	（1）工作负责人（作业负责人、专责监护人）未到作业现场。 （2）工作负责人（作业负责人）暂时离开作业现场时，未指定能胜任的人员临时代替；或长时间离开作业现场时，未由原工作票签发人变更工作负责人。 （3）专责监护人临时离开作业现场时，未通知被监护人停止作业；或长时间离开作业现场时，未由工作负责人变更专责监护人。 （4）劳务分包人员担任工作负责人（作业负责人）
9	未经许可即开始工作；全部工作未结束即办理终结手续	（1）公司系统电网生产作业未经调度管理部门或设备运维管理单位许可，擅自开始工作。 （2）在用户设备上工作，许可工作前，工作负责人未检查确认用户设备的运行状态、安全措施是否符合作业的安全要求。 （3）多小组工作，小组负责人未得到工作负责人的许可即开始工作；工作负责人未得到所有小组负责人工作结束的汇报，就与工作许可人办理工作终结手续

续表

序号	严重违章条款	严重违章释义
10	约时停、送电；带电作业约时停用或恢复重合闸	（1）电力线路或电气设备的停、送电未按照值班调控人员或工作许可人的指令执行，采取约时停、送电的方式进行倒闸操作。 （2）需要停用重合闸或直流线路再启动功能的带电作业未由值班调控人员履行许可手续，采取约时方式停用或恢复重合闸或直流线路再启动功能
11	应用未用或使用不合格的安全工器具	（1）在高处作业、垂直交叉作业、立杆架线、起重吊装等存在高坠、物体打击风险的作业区域内，人员未佩戴安全帽。 （2）操作没有机械传动的断路器、隔离开关或跌落式熔断器，未使用绝缘棒。 （3）应用未用或使用的个体防护装备（安全带、安全绳、静电防护服、防电弧服、屏蔽服装等）、绝缘安全工器具［验电器、接地线、绝缘手套（高压）、绝缘靴、绝缘杆、绝缘遮蔽罩、绝缘隔板等］等专用工具和器具未检测或检测结果不合格
12	人员资质不符合现场作业要求	（1）现场作业人员、监理人员未经安全准入考试并合格。 （2）不具备"三种人"资格的人员担任工作票签发人、工作负责人或许可人。 （3）特种设备作业人员、特种作业人员、危险化学品从业人员未依法取得资格证书
13	未计算拉线、地锚受力情况和近电作业安全距离情况	（1）抱杆、牵张机、索道设备的地锚、拉线，铁塔锚固、导地线锚固的地锚、拉线受力情况未经过验算。 （2）在带电设备附近作业前，未根据带电体安全距离要求，对施工作业中可能进入安全距离内的人员、机具、构件等进行计算校核；或校核结果与现场实际不符，不满足安全要求时未采取有效措施。 （3）地锚、拉线未经验收合格即投入使用
14	专项施工方案未按规定编审批	（1）对"超过一定规模的危险性较大的分部分项工程"（含大修、技改等项目），未组织编制专项施工方案（含安全技术措施），未按规定论证和审批。 （2）针对《国家电网有限公司关于印发严控严防重特大人身事故硬措施通知》要求混凝土建（构）筑物垮塌、脚手架整体倒塌、深基坑及边坡施工等12类典型场景作业，未按规定编制、论证和审批专项施工方案
15	重要工序、关键环节作业未按施工方案或规定程序开展	（1）电网建设工程施工重要工序及关键环节未按施工方案中作业方法、标准或规定程序开展作业。 （2）针对《国家电网有限公司关于印发严控严防重特大人身事故硬措施通知》15类典型作业场景，未按规定落实强制措施
16	擅自解除带电部位隔离措施	（1）擅自开启高压开关柜门、检修小窗。 （2）高压开关柜内手车开关拉出后，隔离带电部位的挡板未可靠封闭或擅自开启隔离带电部位的挡板。 （3）擅自移动绝缘挡板（隔板）
17	电容性设备未充分放电	（1）电缆及电容器接地前未逐相充分放电，星形接线电容器的中性点未接地、串联电容器及与整组电容器脱离的电容器未逐个多次放电，装在绝缘支架上的电容器外壳未放电。 （2）高压试验变更接线或试验结束时，未将升压设备的高压部分放电、短路接地。未装接地线的大电容被试设备未先行放电再做试验
18	在带电设备周围违规使用金属器具	（1）在带电设备周围使用钢卷尺、皮卷尺和线尺（夹有金属丝者）进行测量工作。 （2）在变、配电站（开关站）的带电区域内或临近带电线路处，使用金属梯子、金属脚手架

续表

序号	严重违章条款	严重违章释义
19	大型机械在运行站内或邻近带电线路处违规作业	（1）在运行站内使用起重机、高空作业车、挖掘机等大型机械开展作业前，施工方案未经设备运维单位批准。 （2）未经设备运维单位批准，擅自改变运行站内起重机、高空作业车、挖掘机等大型机械的工作内容、工作方式、行进路线、作业地点等。 （3）近电作业起重机、高空作业车未接地。 （4）近电吊装作业人员徒手扶持吊件
20	立（拆）杆塔、架（撤）线作业未按规定采取防倒杆塔措施	（1）地脚螺栓与螺母型号不匹配。 （2）耐张杆塔非平衡紧挂线、撤线前，未设置杆塔临时拉线或其他补强措施。 （3）在永久拉线未全部安装完成的情况下拆除临时拉线。 （4）拉线塔分解拆除时未先将原永久拉线更换为临时拉线再进行拆除作业。 （5）杆塔整体拆除时，未增设拉线控制倒塔方向。 （6）带张力断线或采用突然剪断导、地线的做法松线。 （7）杆塔上有人时，调整或拆除拉线。 （8）紧断线平移导线挂线作业未采取交替平移子导线的方式
21	采用正装法对接组立悬浮抱杆	略
22	牵引过程中人员处于受力绳索内角侧或直接拉拽受力导、引线	（1）牵引过程中作业人员站在或跨在已受力的牵引绳、起吊绳、导地线的内角侧以及展放的线圈内。 （2）放线、紧线，遇导、地线有卡、挂住现象，未松线后处理，操作人员站在线弯的内角侧，用手直接拉、推导地线
23	跨越施工未采取跨越架、封网等安全措施	跨越带电线路、电气化铁路、高速公路、通航河流展放导（地）线作业，未采取跨越架、封网等安全措施，或跨越架、封网未经验收合格即投入使用
24	货运索道载人或超载使用	物料提升系统、货运小车等非载人提升设施及货运索道载人
25	起重吊装作业未采取防倾倒措施，超限吊装	（1）起重设备、受力工器具（抱杆连接螺栓、吊索具、卸扣等）超负荷使用。 （2）起重机车轮、支腿或履带的前端、外侧与沟、坑边缘的距离小于沟、坑深度的（1）2倍时，未采取防倾倒、防坍塌措施。 （3）吊车未安装限位器
26	起重作业无专人指挥	以下起重作业无专人指挥： （1）被吊重量达到起重作业额定起重量的80%。 （2）两台及以上起重机械联合作业。 （3）起吊精密物件、不易吊装的大件或在复杂场所（人员密集区、场地受限或存在障碍物）进行大件吊装。 （4）起重机械在临近带电区域作业。 （5）易燃易爆品必须起吊时。 （6）起重机械设备自身的安装、拆卸。 （7）新型起重机械首次在工程上应用
27	对带有压力的设备开展拆解作业前未泄压	略

续表

序号	严重违章条款	严重违章释义
28	平衡挂线时，在同一相邻耐张段的同相导线上进行其他作业	略
29	高空锚线未设置二道保护措施	（1）平衡挂线、导地线更换作业过程中，高空锚线未设置二道保护措施。 （2）更换绝缘子串和移动导线作业过程中，采用单吊（拉）线装置时，未设置防导线脱落的后备保护措施
30	有限空间作业未执行"先通风、再检测、后作业"要求；未正确设置监护人；未配置或不正确使用安全防护装备、应急救援装备	（1）有限空间［电缆井、电缆隧道、深度超过2m的基坑及沟（槽）内且相对密闭、容易聚集易燃易爆及有毒气体］作业前未通风、未检测。 （2）在有限空间内作业期间，气体检测浓度高于规定要求，冒险作业。 （3）未根据有限空间作业环境和作业内容，配备气体检测设备、呼吸防护用品、坠落防护用品、其他个体防护用品和通风设备、照明设备、通信设备以及应急救援装备等。 （4）有限空间作业未在入口设置监护人或监护人擅离职守
31	危险性较大的施工平台无施工方案、超载使用	（1）悬吊式作业平台、混凝土承重支撑架、24m以上落地脚手架无施工方案，使用前未经监理验收即投入使用。 （2）吊篮、悬吊式作业平台未设置上限位装置，在作业面下方涉及危险部位、设备设施安全防护、交叉作业等情况的未设置下限位装置。 （3）吊篮、悬吊式作业平台、混凝土承重支撑架、24m以上落地脚手架超载使用或荷载严重不均。 （4）脚手架拆除作业未按自上而下的顺序进行，采用上下层同时作业、自下而上或推倒的方式拆除脚手架
32	硐室及高边坡施工未进行安全监测、支护不及时	（1）硐室开挖未按照规范要求进行超前地质预报，未对硐室围岩稳定情况进行安全确认。 （2）硐室和高边坡开挖未按照规范要求进行安全监测和观测分析。 （3）硐室开挖爆破后，未根据作业面裸露围岩情况采取随机支护措施或未按照设计要求进行跟进支护情况下，擅自进行下道工序施工。 （4）对断层、裂隙、破碎带等不良地质构造的高边坡，未按设计要求采取锚喷或加固等支护措施。 （5）强降雨或长时间降雨后，未检查确认护坡稳定性即进入护坡下方
33	模板支架拆除时混凝土强度未达到设计或规范要求	（1）高支模混凝土施工中，混凝土强度未达到设计要求时，拆除模板。 （2）模板滑升、混凝土出模时，混凝土发生流淌或局部塌落现象。 （3）模板爬升时，承载体受力处的混凝土强度小于10MPa，或不满足设计要求
34	进入水轮机（水泵）内部工作、检修主进水阀未隔离水源	（1）进入水轮机（水泵）内部工作时，未严密关闭进水闸门（或进水阀），并保持输水管道排水阀和蜗壳排水阀全开启；未切断调速器操作油压；未切断水导轴承润滑油（水）源、主轴密封润滑水源和调相充气气源等。 （2）进水阀检修时，未严密关闭进水口检修闸门及尾水闸门，切断闸门的操作源，做好彻底隔离水源措施；未关闭所有可能向检修区域管道来压（油、水、气）的管路阀门；未打开上游输水管道、蜗壳排水阀；对带有配重块的进水球阀拐臂，检修拐臂时未做好防止配重块坠落的安全措施
35	水电工程竖（斜）井作业关键部位未防护、封闭	（1）竖（斜）井施工未对洞口采取防护措施。 （2）竖（斜）井导井未封闭（溜渣、爆破作业时除外）。 （3）竖（斜）井内上下层同时作业

第二节 事 故 案 例 分 析

【案例一】某检测单位试验人员在进行 500kV 绝缘杆工频耐压预防性试验时，试验人员因操作不当，导致1人触电身亡。

1. 事故经过

4 月 16 日 14 时，某检测单位试验班组人员陈某、王某在班长万某督促授意下，领取 10 根 500kV 绝缘杆进行工频耐压预防性试验，14 时 30 分陈某、王某携带样品进入工频耐压试验场地，由于该场地使用频率比较高，二人以为安全措施已到位，便简单布置试验样品后，直接开始进行升压耐压操作。试验过程中班组成员陈某因被单位领导刘某临时抽调离开试验班组，陈某未在规定时间范围内完成试验任务，在临走前交代试验员王某继续试验。14 时 47 分升压结束，14 时 50 分王某开始降压操作，14 时 51 分王某在升压设备未完全降压到下限值、现场接地措施失效和绝缘手套不合格的状态下，便对升压设备进行接地放电，导致王某触电倒地。15 时 20 分陈某回到试验场地，发现王某触电倒地，呼叫没反应，于是立即断电上报并拨打急救电话。15 时 55 分，救护车抵达现场，王某经抢救无效死亡。

2. 违章分析

（1）事故单位安全基础管理工作不到位。执行规程制度流于形式；部门没有严格对作业指导书执行情况进行督促、检查、考核，班组对执行作业指导书的认识度不高，没有按照作业指导书的作业程序进行作业，作业指导书执行力不强，现场组织生产秩序混乱，控制安全风险能力低下。

（2）职能部门对现场执行规程制度监管不到位，对作业指导书执行情况督促、宣传、检查、指导、考核不严，检查生产现场落实岗位人员安全生产责任制不到位，未能检查并纠正工作人员工作不规范行为。

（3）现场作业设置的安全设施不到位，现场接地措施不规范，存在使用超期不合格绝缘手套的情况。

（4）试验人员安全意识不到位，未能及时检查和核对现场安全措施，违规操作升压设备。

（5）事故紧急措施不到位，发生事故后，人员无反应时未能紧急采取心肺复苏触电急救措施。

3. 防范措施

（1）开展安全生产工作整顿，认真汲取事故教训。全体员工必须对照"4·16"人身事故，立即查找本部门、本班组安全管理薄弱环节，查摆安全生产责任制、安全管理、生产管理、安全教育培训、反"三违"、规章制度执行力等方面存在的问题。

（2）开展对作业指导书执行情况的专项检查，将作业指导书的执行情况与"两票"执行情况同等进行考核，重点检查现场工作中作业指导书的执行情况。

（3）事故责任单位试验工区对事故执行"说清楚"，针对工作任务安排、人员分工、现场交底、作业指导书、"三措一案"执行、现场监督检查到位等各个环节，认真查找责任部门、责任班组、责任人员的"短板"和管理"薄弱点"，举一反三地汲取事故教训，制定切实可行的保证措施，降低或消除安全风险。

（4）提高对安全工作极端重要性的认识。加强对职工的安全教育和自我防护保护能力教育。

（5）反各种习惯性违章，对违章行为严肃处理，加强作业现场的安全监督和管理。

【案例二】某公司在 1000kV ××Ⅱ线高处检修作业过程中，发生一起高处坠落事故，造成 1 名作业人员死亡。

1. 事故经过

4月9日6时10分左右，第二小组及有关人员共12人到达055号塔，包括小组负责人任某，专责监护人冯某，登塔作业人员宝某、郑某、董某、孙某，地面配合人员杨某、赵某8人，到岗到位及反违章自查小组4人。

6时55分，准备工作和开工会完毕，任某核对现场具备开工条件后，发令开始工作。按照分工，郑某、宝某通过D腿登塔，分别安装下相、中相导线的舞动监测装置；董某、孙某通过B腿登塔，安装塔身的装置部件。7时10分左右，宝某携带传递绳及滑轮，首先由D腿使用防坠器沿防坠轨道开始登塔，登至距地面5m左右时，因防坠器轨道接头错位，防坠器在轨道上卡顿，无法上行。经任某同意后，郑某、宝某改为使用脚钉防坠安全绳，由A腿登塔。8时30分左右，郑某、宝某分别登至下横担、中横担，配合地面人员向塔上吊运工器具等物品，然后通过软梯下行至下相、中相导线。10时50分左右，郑某、宝某走线分别抵达了下相、中相的舞动监测装置安装位置开展安装工作。11 时 30 分左右，郑某、宝某完成安装及测试后，准备走线返回并攀登软梯回到下横担、中横担。12 时 10 分左右，郑某攀登至距离下横担约 1.5m 的位置时，因体力不足停止攀登，与任某通过对讲机沟通后，坐在软梯上停留休息。12 时 40 分左右，宝某攀登软梯到达中横担，但他也体力不足，无法辅助郑某攀爬软梯。任某便安排孙某（孙某此时已完成工作并回到地面）上塔辅助郑某。13 时 30 分左右，孙某辅助郑某沿软梯攀爬至下横担，并陪伴其在下横担休息平台处休息。郑某休息约 1h 并吃了一根火腿肠后，感觉体力有所恢复。孙某和郑某遂使用脚钉防坠安全绳防护，先后沿 D 腿下塔。14 时 48 分左右，郑某下行至距地面约 50m 时，发生坠落。此时孙某已沿脚钉下行至杆号牌位置（距地面约 15m）。现场人员立即拨打急救电话。15 时 55 分左右，救护车抵达现场，郑某经抢救无效死亡。

2. 违章分析

（1）作业安全风险管控不到位。小组负责人、现场监护人和到岗到位人员面对作业现场高坠风险以及登塔安全措施临时改变的情况，没有针对性开展风险分析并落实有效的防控措施。

（2）个人防护措施不到位。在固定式防坠落轨道不能正常使用情况下，没有考虑先行对其修复，而是临时采用脚钉防坠安全绳保护方式上下塔，加之现场风力增大，防高坠措施可靠性不足。

（3）安全设施运维管理不到位。铁塔安装的固定式防坠落轨道发生变形且未及时修复，导致预设的登塔防坠安全设施无法正常使用。

（4）事故教训吸取不深刻。未吸取近年来公司作业现场高坠事故和今年公司通报的两起"高处作业移位失去保护"严重违章教训，导致同类事故重复发生。

（5）新型安全工器具未展开型式或预防性试验。

3. 防范措施

（1）提高对安全工作极端重要性的认识。加强对职工的安全教育和自我防护保护能力教育。

（2）严格执行规程及各种规章制度，互相监督施工安全。

（3）提升安全基础投入水平，加大人员安全培训、警示教育力度，强化事故案例、违章案例警示，提高全员职工安全责任感和自觉性。

（4）健全双重预防机制，落实各级人员安全责任制，制定防范措施。

（5）坚决反对各类违章行为，对违章行为严肃处理，加强作业现场的安全监督和管理。

（6）对事故认真进行分析，吸取事故教训，做到人人皆知、举一反三。

【案例三】某电力试验研究所高×在现场试验拆线时触电死亡。

1. 事故经过

8月25日，某电力试验研究所在某发电厂进行试验工作。下午4时55分开始试验，晚上8时局部放电试验结束，试验电源全部断开，此后，开始进行试验现场仪器、设备的收拾、整理工作。当大部分现场整理工作已结束，即8时30分左右，在收取专用保护接地裸铜线的过程中，高某因用手脱开并触及碘钨灯照明就近接地引线（注：经查属违章一相一地方式）的裸露端发生触电，同时临时照明碘钨灯灭，人仰面倒在C相变压器蓄油坑边。后抢救无效于21时20分死亡。

2. 违章分析

（1）临时电源管理不规范，存在安全隐患。

（2）工作人员操作不当，未使用安全防护用品。

3. 防范措施

（1）加强对临时电源管理，严禁使用一相一地接线方式。

（2）认真开展作业前危险点分析，加强对作业人员现场安全交底，规范作业，严格按规定使用安全防护用品。

【案例四】国网某县供电公司在10kV××线故障处置过程中发生一起触电事故，造成一名作业人员死亡。

1. 事故经过

4月8日，在未经现场勘察、未编制作业方案的情况下，国网某县供电公司总经理唐某、副总经理饶某口头商定同意10kV××线故障处置工作安排，供电服务中心副主任王某在微信工作群内发布作业任务及作业人员名单。4月9日9时40分，在未上报作业计划、未告知用户、未填写工作票的情况下，饶某带领供电服务中心变电运检班班长刘某、营销综合管理班长方某（事故遇难者）、输配电运检班班长李某等8人开展故障处置工作。经现场核实10kV××

线 209 号塔分段开关在分位且隔离开关已断开后，14 时 30 分，饶某安排人员登塔验电确认线路无电压后，在未装设接地线、未断开线路所带用户专用变压器进线侧跌落式熔断器的情况下，组织开展受损导线更换和线路搭接工作。4 月 9 日 18 时 13 分，线路搭接工作完成后，饶某发现 240 号塔 B 相引流线距离铁塔脚钉过近，不满足送电要求，便安排方某上塔处理隐患，方某在未对线路进行验电、未装设接地线情况下登塔进行隐患处理时触电，经抢救无效死亡。

2. 违章分析

（1）作业人员安全意识淡薄。

（2）作业组织管理混乱。

（3）专业安全管理失控。

（4）自备电源管理不到位。

（5）安全培训不到位。

（6）安全生产管理存在严重问题，安全管理基础不牢。

3. 防范措施

（1）强化安全生产思想认识，要举一反三、标本兼治，采取有效管控措施，坚决遏制类似事故再次发生。

（2）严格落实安全生产责任制，全面开展安全管理和现场管控问题排查，健全安全监督机构，严格落实"三管三必须"要求，切实抓好各项问题整改。

（3）强化作业组织管理，要规范报修工单处理流程，强化专业部门故障处置、消缺作业安全管理。要规范作业计划管理，加强现场勘查和风险辨识、评估，规范施工方案和风险管控措施编审批管理，落实风险督查制度。要充分做好作业准备，严格工作票填写、签发，做好安全工器具和个人防护用品的检查。

（4）严格落实现场安全管控，按照《安规》相关要求，切实断开所有存在来电风险的断路器，落实好验电、挂地线等保证人身安全的基本措施，认真开展安全技术交底，落实现场作业监护制度。

（5）强化用电安全管控，加强用户自备电源管理，准确掌握用户自备发电机、分布式电源情况，严格执行反送电风险管控措施，落实机械或电气联锁等防反送电的强制性技术要求。定期完善配电网接线图，及时更新用户侧电源情况。

（6）加大反违章工作力度。落实《国家电网有限公司关于进一步加大安全生产违章惩处力度的通知》（国家电网安监〔2022〕106号）要求，发挥安全保证体系和监督体系合力，严抓行为违章，深挖管理违章，严格落实严重违章惩处和停工措施。对照重大、较大隐患清单，深入排查治理现场安全隐患。

（7）举办针对性强的技能培训和模拟操作。

【案例五】国网某供电公司在220kV××Ⅱ线路测试过程中发生一起触电事故，造成一名作业人员死亡。

1. 事故经过

5月20日20时，国网某供电公司在进行220kV××Ⅱ线路参数测试工作过程中，作业人员直接拆除测试装置端的试验引线，线路感应电导致试验人员触电，工作负责人盲目施救，导致2人触电，经抢救无效死亡，构成一般人身事故。

2. 违章分析

（1）作业人员严重违章。

（2）作业前危险点分析不到位。

（3）作业组织不力。

（4）技术业务水平较低。

（5）到岗到位职责不落实。

（6）工期安排不合理。

（7）安全技术培训不到位。

3. 防范措施

（1）认真学习该次事故快报，汲取事故教训。事故发生后，公司下发了事故快报，各单位要立即将事故快报传达到基层单位班组、各施工现场，特别是传达到一线作业人员，深刻剖析事故暴露的问题，学习讨论。

（2）加强作业前的危险点分析和预控措施。严格执行《生产作业安全管控标准化工作规范》要求，严格落实现场勘察制度，认真做好危险点分析并制定预控措施，严格"三措"的编、审、批执行，尤其是对同杆塔架设的输电线路、邻近或交叉跨越带电体附近的相关作业场所（变电站进线端），必须充分考虑感应电伤人的危险因素，并制定有效防护措施。

（3）合理安排作业计划。各单位要科学统筹安排每日工作计划，周末、节假日或必须在 8:00～17:00 以外时段作业的，应提高一个风险管控等级，加强现场安全监督力量，确保现场作业安全。

（4）加大现场安全管控力度。各单位要强化作业计划管控，严格执行到岗到位制度，认真履行现场管控职责。设备运维单位要发挥安全主体责任，严格工作票审核；对现场作业做到心中有数。施工作业人员要熟悉现场危险点，严格落实预控措施；安监人员要强化现场安全监察，狠抓反习惯性违章，确保作业安全。同时要强化"三种人"管理，禁止劳务派遣人员担任"三种人"。

（5）务实做好安全技术培训工作。加强"三种人"、作业人员的安全技术培训，重点做好《安规》、操作规程、触电急救知识、感应电压防护知识等培训，促进各项规章制度执行，切实提高作业人员的综合素质。

（6）严格落实感应电安全防护措施。在线路杆塔、变电站进线端作业，应采取防感应电措施，必要时应穿屏蔽服，加挂接地线，使用个人保安线。高压专业参数测试人员必须戴绝缘手套、穿绝缘靴、使用绝缘垫，拆、接引线前，线路必须接地。

第七章

班组安全管理

第一节 班组安全责任

（1）贯彻落实"安全第一、预防为主、综合治理"的方针，按照"三级控制"制定本班组年度安全生产目标及保证措施，部署落实安全生产工作，并予以贯彻实施。

（2）执行各项安全工作规程，开展作业现场危险点预控工作，执行"两票三制"。执行检修规程及工艺要求，确保生产现场的安全，保证生产活动中人员与设备的安全。

（3）做好班组管理，做到工作有标准，岗位责任制完善并落实，设备台账齐全，记录完整。制订本班组年度安全培训计划，做好新入职人员、变换岗位人员的安全教育培训和考试。

（4）开展定期安全检查、隐患排查、安全生产月和专项安全检查等活动，积极参加上级组织的各类安全分析会议、安全大检查活动。

（5）开展班前会、班后会，主动汇报安全生产情况。

（6）每月定期开展安全生产月度例会，综合分析安全生产形势和管理中存在的薄弱环节，提出防范对策；针对有关安全事故（事件）组织开展分析会，查找事故（事件）原因，制定并落实反事故措施。

（7）组织开展每周（或每轮值）一次的安全日活动，结合工作实际开展经常性、多样性、行之有效的安全教育活动。

（8）结合安全性评价结果，组织编制班组的年度"两措"计划，经审批后组织实施。

（9）建立有系统、分层次、分工明确、相互协调的事故应急处理体系，并参加上级单位组织的反事故演习。

（10）开展班组现场安全稽查和自查自纠工作，制止人员的违章行为。

（11）定期组织开展对安全工器具及劳动保护用品的检查，对发现的问题及时处理和上报，确保作业人员工器具及防护用品符合国家、行业或地方标准要求。

（12）执行安全生产规章制度和操作规程。执行现场作业标准化，正确使用标准化作业程序卡。

（13）加强对所检测设备的管理，组织开展设备期间核查、维护保养。定期开展对检测设备的质量监督及运行评价、分析，提出更新改造方案和计划。

（14）执行电力安全事故（事件）报告制度，及时汇报安全事故（事件），保证汇报内容准确、完整，做好事故现场保护，配合开展事故调查工作。

（15）开展技术革新、合理化建议等活动，参加安全劳动竞赛和技术比武，促进安全生产。

第二节 班组安全管理日常实务

各基层班组应加强班组安全管理，切实把安全生产责任制、安全生产标准化管理、安全教育培训等工作落实到班组，引导班组员工牢固树立安全生产发展观，将安全生产各项要求落在实处，具体日常事务如下。

一、班组安全活动

（一）班组安全活动角色分配

（1）每个活动单元按照主持人、记录员、评论员进行分工，除评论员外，其余人员均可兼任。每次活动根据实际情况选择是否设置评论员。

（2）主持人一般由班组长担任，负责活动策划准备，主持讨论，进行时间管理，督促全员发言，控制活动进程。

（3）评论员一般由班组上一级管理人员担任，负责对活动流程、活动效果进行点评。当活动现场无上一级管理人员时，班组可将现场录像发给上一级管理人员，由上一级管理人员进行点评。

（二）班组安全活动步骤

班组安全活动的具体步骤：策划准备→活动发起→风险辨识→制定对策→强化记忆。

1. 策划准备

（1）主持人提前根据近期主要工作任务、安全学习文件、班组安全管理问题等确定活动主题。班组成员提前学习活动主题相关资料，掌握各项危险因素和预控措施。

（2）提前确定活动场地，划分活动角色，并做好材料、器具等各项准备。

（3）活动发起前，班组长组织全体成员共同学习上级安全文件、安全事故通报等，传达上级会议指示精神，对其中的关键知识进行普及、强化，集中学习所涉及的安全规程、安全规章制度，并签字留痕。

2. 活动发起

（1）班组成员全员有序列队。

（2）整理着装，检查衣着是否符合规范，是否穿戴整齐。

（3）班组成员依次报数。

（4）关注班组成员身体状况和精神状态是否出现异常迹象。

3. 风险辨识

（1）确认风险辨识对象。

（2）班组成员以"因为……所以可能……，危险！"句式进行，手指出危险点，并口述，提出危险因素，记录员记录。

（3）主持人进行补充完善。

（4）记录员对危险因素依次进行编号，主持人组织所有班组成员对危险因素进行举手表决，确定关键危险因素。

4. 制定对策

（1）班组成员依次对前面确定的关键危险因素提出预控措施。

（2）记录员将每个班组成员提出的预控措施记录在看板上并编号。

（3）主持人进行补充完善。

（4）相互进行补充和举手表决确定最有效预控措施。

（5）手指看板或图片中危险因素的地方复述最有效预控措施。

5. 强化记忆

（1）主持人总结出当天的行动目标。

（2）全员站立，采用统一手指展板上行动目标或围成圈（手叠手、手拉手）大声喊行动目标三遍。

（三）班组安全活动其他要求

（1）班组安全活动每周开展一次，可根据上级文件要求和本单位实际增开安全活动。活动五个环节时间为 15～30min（不包含集中学习、讨论环节时间）。

（2）班组安全活动全体成员参加。因故不能参加者，应在回班组后一周内补课并做好记录。

（3）班组安全活动应使用手持终端、看板、大屏展示作为活动载体，以提高活动效率、增强活动效果。

（4）班组安全活动通过录像形式记录并由班组保存，保存时间为一年。

二、安全教育培训

（1）班组要落实上级安全教育培训有关制度和要求：

1）组织开展安全教育培训和考试；

2）建立健全个人安全教育培训档案，如实记录安全教育培训时间、内容、参加人员及考试考核结果等。

（2）班组长、安全员、技术员每年接受安全教育培训，主要包括以下内容：

1）安全生产法规规章、制度标准、操作规程；

2）安全防护用品、作业机具、工器具使用与管理；

3）作业场所和工作岗位存在的危险因素、防范措施以及事故应急措施；

4）作业标准化安全管控相关知识；

5）安全隐患排查治理、违章查纠等相关知识；

6）现场应急处置方案相关要求；

7）有关的典型事故案例；

8）其他需要培训的内容。

（3）在岗生产人员每年接受安全教育培训，主要包括以下内容：

1）安全生产规章制度和岗位安全规程；

2）新工艺、新技术、新材料、新设备安全技术特性及安全防护措施；

3）安全设备设施、安全工器具、个人防护用品的使用和维护；

4）作业场所和工作岗位存在的危险因素、防范措施以及事故应急措施；

5）典型违章、安全隐患排查治理、事故案例；

6）职业健康危害与防治；

7）其他需要培训的内容。

（4）新上岗（转岗）人员应根据工作性质对其进行岗前安全教育培训，保证其具备岗位安全操作、紧急救护、应急处理等知识和技能，主要包括以下内容：

1）安全生产规章制度和岗位安全规程；

2）所从事工种可能遭受的职业伤害和伤亡事故；

3）所从事工种的安全职责、操作技能及强制性标准；

4）工作环境、作业场所和工作岗位存在的危险因素、防范措施以及事故应急措施；

5）自救互救、急救方法、疏散和现场紧急情况处理；

6）安全设备设施、安全工器具、个人防护用品的使用和维护：

7）典型违章、有关事故案例；

8）安全文明生产知识；

9）其他需要培训的内容。

（5）工作负责人（专责监护人）、操作监护人等每年应进行专项培训，并经考试合格、书面公布，主要包括以下内容：

1）安全工作规程；

2）作业场所和工作岗位存在的危险因素、防范措施以及事故应急措施；

3）作业标准化安全管控相关知识；

4）典型违章、安全隐患排查治理、违章查纠等相关知识；

5）其他需要培训的内容。

（6）特种作业人员必须按照国家规定的培训大纲，接受与本工种相适应的、专门的安全技术培训，经考核合格取得特种作业操作证，并经单位书面批准方可参加相应的作业。离开特种作业岗位6个月的作业人员，应重新进行实际操作考试，经确认合格后方可上岗作业。

三、安全生产责任制

（1）行政正职是本单位的安全第一责任人，对本单位安全工作和安全目标负全面责任。行政副职对分管工作范围内的安全工作负领导责任，向行政正职负责。实行下级对上级的安全逐级负责制。

（2）安全生产目标自上而下逐级分解，组织制定实现年度安全目标计划的具体措施，层层落实安全责任，确保安全目标的实现。

（3）班组及岗位安全责任清单应进行长期公示；将安全责任清单的学习纳入安全教育培训计划；每名员工应掌握本岗位安全责任清单，熟悉所在组织的安全责任清单；班组长、管理人员还应了解所在组织各岗位和下级组织的安全责任清单；安全责任清单内容应纳入安全考试范畴；班组及各岗位应对照安全责任清单，逐条落实安全职责和履责要求，做到安全工作与业务工作同时计划、同时布置、同时检查、同时总结、同时考核。

四、安全工器具管理

班组应根据工作实际，提出安全工器具添置、更新需求；建立安全工器具管理台账，做到账、卡、物相符，试验报告、检查记录齐全；组织开展班组安全工器具培训，严格执行操作规定，正确使用安全工器具，严禁使用不合格或超试验周期的安全工器具；安排专人做好班组安全工器具日常维护、保养及定期送检工作。

五、"两措"管理

"两措"计划下达后，班组根据"两措"计划内容，组织制订和实施本班组年度"两措"计划，每月开展一次检查，将完成情况报主管部门。

六、隐患管理

班组要结合设备运维、监测、试验或检修、施工等日常工作排查安全隐患；根据上级安排开展专项安全隐患排查和治理工作；负责职责范围内安全隐患的上报、管控和治理工作。

七、季节性安全检查

（1）由班组长组织进行，安全员应积极协助，发动全体班组成员，开展自查活动。

（2）对于上级制定的检查重点和检查项目（表），班组可根据实际情况补充相应的重点内容，再进行自查、整改、总结并报上级部门。

（3）安全检查时应做好记录，保留现场证据，并及时跟踪整改完成情况；对暂时无法解决的问题或事故隐患应落实防范控制措施。

八、反违章管理

（1）班组长及管理人员应带头遵守安全生产规章制度，积极参与反违章，按照"谁主管、谁负责"原则，组织开展分管范围内的反违章工作，督促落实反违章工作要求。

（2）班组应严格落实反违章工作要求，防范并严肃查处各类违章。

（3）充分调动基层班组和一线员工的积极性、主动性，紧密结合生产实际，鼓励员工自主发现违章，自觉纠正违章，相互监督整改违章。

附录 A　现场标准化作业指导书（卡）范例

绝缘手套检测作业指导书

1　范围

本标准化作业指导书规定了××检测中心绝缘手套试验作业程序，以及绝缘手套预防性试验的项目、周期和要求，并提供了相应的试验方法，用以判断绝缘手套是否符合使用条件，保证工作人员的人身安全。

2　规范性引用文件

下列文件中的内容通过文中的规范性引用而构成本标准化作业指导书必不可少的条款。其中，注日期的引用文件，仅该日期对应的版本适用于本标准化作业指导书；不注日期的引用文件，其最新版本（包括所有的修改单）适用于本标准化作业指导书。

DL/T 976—2017　带电作业工具、装置和设备预防性试验规程
DL/T 1476—2023　电力安全工器具预防性试验规程

3　职责和权限

3.1　检测负责人职责

全面负责检测工作的安全，正确、安全地组织安排检测工作，检测前对检测人员详细交待安全注意事项，监督检测人员安全作业，确认所做的安全措施符合现场实际条件，检测人员所做的安全措施正确完备，终结后进行安全小结。

负责严格执行本指导书工作程序，审核试验数据，做出分析判断得出正确的结论。

3.2　检测员职责

检测员要严格遵守《国家电网有限公司电力安全工作规程》（简称《安规》）中有关的安全措施，互相监督现场安全措施的实施，严格执行绝缘手套预防性试验标准，提供准确的试验数据，按量、质、期要求完成绝缘手套预防性试验

作业工作。

4　人员技能和劳动组织

检测工作人员由熟悉本专业业务知识的人员担任，在试验后能根据试验数据综合分析判断，做出正确的试验结论。检测工作人员应经过专业培训并取得上岗资格证书、了解安全工器具的构造及试验方法，熟悉《国家电网有限电力安全工作规程》和现场安全措施。

5　工作准备程序

5.1　工作准备

5.1.1　指定检测负责人

检测负责人应由熟悉检测技术，具有一定的工作经验，经安全工器具检测站批准，报上级备案的人员担任。

5.1.2　试验项目、周期和要求

试验项目、周期和要求见表 1 和表 2。

表 1　　辅助型绝缘手套试验项目、周期和要求（DL/T 1476—2023）

试验项目	试验周期	试验要求			
		电压等级	工频耐压 kV	持续时间 min	泄漏电流 mA
工频耐压及泄漏电流试验	半年	低压	2.5	1	≤2.5
		高压	8		≤9

表 2　　绝缘手套试验项目、周期和要求（DL/T 976—2017）

试验项目	试验周期	试验要求			
		级别	额定电压 kV	交流耐压，有效值 kV	持续时间 min
交流耐压试验	6 个月	0	0.38	5	1
		1	3	10	
		2	10	20	
		3	20	30	
		4	35	40	

5.1.3　工具和测试设备的配备

根据试验性质，确定试验工具、消耗材料、测试设备，并检查其性能状况。表 3 给出了试验工作中应配备的试验工具、消耗材料和测试设备。

表 3　　　　　　　　**工具、消耗材料、测试设备的配备表**

序号	试验设备	规格	精度	单位	数量
1	全自动循环注水绝缘靴绝缘手套泄漏电流测试台（YFS－50B）	0～20mA	1.0 级	套	1
2	绝缘安全工器具综合试验系统（YWFD－50B）	0～50kV	1.5 级	套	1
3	钢直尺	300mm	1mm	把	1

5.2　履行开工手续

5.2.1　危险源、危险点控制

表 4 给出了工作中重点预试危险源、危险点。

表 4　　　　　　　　**危险源、危险点预控表**

序号	危险源、危险点	预控措施
1	试验误操作、误送电，试验后未放电	严格执行高压试验安全规程，试验时高声呼唱，试验后必须挂上接地线
2	误入试验区域	试验区域围好安全警示灯围栏，挂警示牌，专人监护
3	误接电源，绝缘线破损	试验电源必须从装有触电保护器的电源箱上接入，两人共同工作，试验前检查绝缘线有无破损，试验接线是否正确
4	接地线接触不良	使用接地夹，禁止缠绕接线
5	设备漏电	检查接地线，作业人员穿绝缘鞋
6	设备不稳定状态	出现不稳定状态时，应检查各接线插头、旋钮旋紧情况，并对夹子紧固度进行检查
7	试品伤人	操作进行时，人员站在围栏外，保证与带电区域有足够的安全距离，并不得离岗
8	设备损坏	每四个月对电路检查和保养

5.2.2　环境因素预控

试验应在环境温度不低于 5℃、相对湿度不高于 80% 的条件下进行。

6　人员要求

检测人员不少于 2 人，其中 1 人为检测负责人。

7 检测

7.1 辅助型绝缘手套

7.1.1 试验标准

参照标准 DL/T 1476—2023。

7.1.2 外观检查

质地应柔软良好，内外表面均应平滑、完好无损，无划痕、裂缝、折缝、孔洞等缺陷。

7.1.3 使用仪器

全自动循环注水绝缘靴绝缘手套泄漏电流测试台（YFS-50B），绝缘安全工器具综合试验系统（YWFD-50B）。

7.1.4 试验方法

将辅助型绝缘手套浸入盛有自来水的金属器皿中，保持手套内外水平面高度相同，套口边缘露出水面 90mm±13mm 并擦干。逐渐升压至表 1 的规定值，保持规定的时间，并测量泄漏电流，试验接线见图 1。

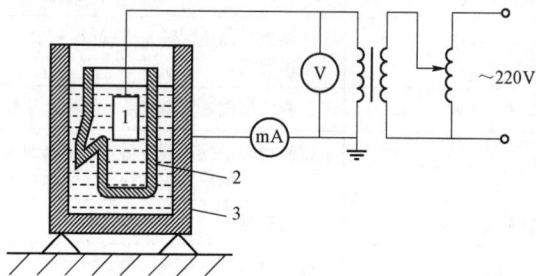

图 1　辅助型绝缘手套工频耐压及泄漏电流试验接线图
1—电极；2—试样；3—盛水金属器皿

手套进行交流耐压试验时，电压应从较低值开始，约 1000V/s 的恒定速度逐渐升压，直至达到表 1 所规定的交流耐压值，并在耐压进行 45s 后测量泄漏电流（电压），其值不大于表 1 中规定值，试验应无击穿、闪络现象。在试验结束时立即降低所加电压至零值，并断开试验回路。

7.2 绝缘手套

7.2.1 试验标准

参照标准 DL/T 976—2017。

7.2.2　外观检查

绝缘手套应具有良好的电气性能、较高的机械性能和柔软良好的服用性能，内外表面均应完好无损，无划痕、裂缝、折缝和孔洞。

7.2.3　使用仪器

（1）全自动循环注水绝缘靴绝缘手套泄漏电流测试台（YFS-50B）；

（2）绝缘安全工器具综合试验系统（YWFD-50B）。

7.2.4　试验方法

对绝缘手套进行交流耐压试验时，加压时间保持 1min，其电气性能应符合表 2 的规定，保持手套内外水平面高度相同，套口边缘露出水面见表 5，并擦干，以无闪络、无击穿、无过热为合格，试验接线见图 1。

表 5　　　　　　　　　带电作业型绝缘手套吃水深度

试验项目	吃水深度			
	级别	吃水深度 mm	允许误差 mm	备注
交流耐压试验	0（0.4kV）	40	±13	当环境相对湿度高于 55% 或气压低于 99.3kPa 时，可适当增大手套露出水面部分长度，最大可增加 25mm
	1（3kV）	65		
	2（10kV）	75		
	3（20kV）	100		
	4（35kV）	165		

8　综合分析判断

检测员在工作现场及时填好××检测中心试验现场记录，检测负责人根据检测标准作出正确的结论。

对于试验不合格的试品，按不合格品控制程序进行处理。

9　执行收工手续

清理工作现场，检测负责人填写好试验结论，签名。

10　工作总结、技术资料归档

出具试验报告（见附录）并审核，归档分类。

11　有关仪器操作规定及注意事项

仪器设备操作规定详见全自动循环注水绝缘靴绝缘手套泄漏电流测试台（YFS-50B）、绝缘安全工器具综合试验系统（YWFD-50B）操作规程。

附录 B　现场作业处置方案范例

【范例一】作业人员应对突发低压触电事故现场处置方案

一、工作场所

××省电力公司××供电公司生产作业现场。

二、事件特征

作业人员在 1000V 以下电压等级的设备上工作,发生触电,造成人员伤亡。

三、现场人员应急职责

1. 现场负责人

(1) 组织抢救触电人员。

(2) 向上级部门汇报触电事故情况。

2. 现场人员

抢救触电人员。

四、现场应急处置

1. 现场应具备条件

(1) 通信工具及上级、急救部门电话号码。

(2) 电工工器具、绝缘鞋、绝缘手套等安全工器具。

(3) 急救箱及药品。

2. 现场应急处置程序及措施

(1) 现场人员采取拉开关、断线或使用绝缘工器具移开带电体等措施使触电者脱离电源。

(2) 根据触电人员受伤情况,采取人工呼吸、心肺复苏等相应急救措施。

(3) 现场人员将触电人员送往医院救治或拨打 120 急救电话求救。

(4) 向上级部门汇报人员受伤及抢救情况。

五、注意事项

(1) 严禁直接用手、金属及潮湿的物体接触触电人员。

(2) 在医务人员未接替救治前,不应放弃现场抢救。

六、联系电话

序号	部门	联系人	电话
1	医疗急救		120
2	本单位安监部门		
3	本单位领导		

【范例二】作业人员应对突发高压触电事故现场处置方案

一、工作场所

××省电力公司××供电公司生产作业现场。

二、事件特征

作业人员在电压等级1000V及以上的设备上工作,发生触电,造成人员伤亡。

三、现场人员应急职责

1. 现场负责人

(1)组织抢救触电人员。

(2)向上级部门汇报触电事故情况。

2. 现场人员

抢救触电人员。

四、现场应急处置

1. 现场应具备条件

(1)通信工具及上级、急救部门电话号码。

(2)电工工器具、绝缘鞋、绝缘手套等安全工器具。

(3)急救箱及药品。

2. 现场应急处置程序及措施

(1)现场人员立即使触电人员脱离电源,应立即断开升压装置低压侧隔离开关,用相应电压等级的绝缘工具将带电体移开。

(2)根据触电人员受伤情况,采取止血、固定、人工呼吸、心肺复苏等相应急救措施。

(3)如触电者衣服被电弧光引燃,应利用衣服、湿毛巾等迅速扑灭其身上的火源,着火者切忌跑动,必要时可就地躺下翻滚,使火扑灭。

(4)现场人员将触电人员送往医院救治或拨打120急救电话求救。

（5）向上级部门汇报触电人员受伤及抢救情况。

五、注意事项

（1）严禁直接用手、金属及潮湿的物体接触触电人员。

（2）救护人在救护过程中要注意自身和被救者与附近带电体之间的安全距离，防止再次触及带电设备或跨步电压触电。

（3）在医务人员未接替救治前，不应放弃现场抢救。

六、联系电话

序号	部门	联系人	电话
1	医疗急救		120
2	救援报警		110
3	本单位安监部门		
4	本单位领导		